自我疗愈 完全指南

远离负面情绪成为更好的你

Kiki Ely

（美）基姬·埃利 著

陈晓军 曹阳 译

辽宁科学技术出版社

·沈阳·

This is the translation edition Complete Guide to Self-care: Best Practices for a Healthier and Happier You

By Kiki Ely

First published in 2020 by Chartwell Books, an imprint of the Quarto Group

© 2020 Quarto Publishing Group USA Inc.

All rights reserved.

©2022辽宁科学技术出版社

著作权合同登记号：第06-2021-179号。

图书在版编目（CIP）数据

自我疗愈完全指南：远离负面情绪成为更好的你 / (美) 基姬·埃利著；陈晓军，曹阳译. 一沈阳：辽宁科学技术出版社，2023.1
ISBN 978-7-5591-2405-0

Ⅰ.①自… Ⅱ.①基… ②陈… ③曹… Ⅲ.①情绪－自我控制－通俗读物 Ⅳ.①B842.6-49

中国版本图书馆CIP数据核字(2022)第044040号

出版发行：辽宁科学技术出版社
　　　　　（地址：沈阳市和平区十一纬路25号　邮编：110003）
印 刷 者：凸版艺彩（东莞）印刷有限公司
经 销 者：各地新华书店
幅面尺寸：170mm×240mm
印　　张：10
字　　数：250 千字
出版时间：2023年1月第1版
印刷时间：2023年1月第1次印刷
责任编辑：王丽颖
封面设计：王世帅
版式设计：王世帅
责任校对：韩欣桐

书　　号：ISBN 978-7-5591-2405-0
定　　价：118.00元

联系电话：024-23284360
邮购热线：024-23284502
E-mail：wly45@126.com
http://www.lnkj.com.cn

"空灯笼不透光，
自我疗愈是让你光芒四射的燃料。"

——佚名

目录

4

精神的
自我疗愈

5

社交的
自我疗愈

序言

人生在世，自在生活。你值得拥有充实、快乐且有目标的生活。每个清晨，你都应该愉悦地醒来，对新的一天满怀期待。

不幸的是，这种生活对许多人来说都成了奢侈。在这个诱惑多、节奏快、要求高的世界里，人们不得不将自己放在最后。不难发现，你总是将自己的需求放在不断加长的待办事项清单的最后，你乐此不疲地将其他人的需求排在了自己前面。也许当一天结束时，才发现终于让所有人满意了，而唯独没有满足自己。这听起来是不是很熟悉？

简单来说，我们的世界充斥着很多现代病。这些疾病的名字包括：

如果你正经历着这些现代病中的任何一种，要知道其实你并不孤单。庆幸的是，你有能力疗愈自己，可以用以下的正能量取代痛苦的感觉：

平静
活力
自信
专注
自省
灵感
希望
爱
毅力

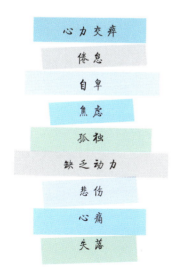

心力交瘁
倦怠
自卑
焦虑
孤独
缺乏动力
悲伤
心痛
失落

解决之道就是自我疗愈。这本书中有经过深思熟虑的建议、简单又易于实施的练习、疗愈性的仪式以及经过时间检验的解决方案，帮助你达到内心的平静和自我感知，实现快乐、平衡、稳定的生活。这本书将指导你明确并满足自己的需求，帮助你过上一直想要的生活。

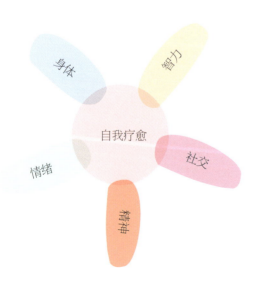

什么是自我疗愈

自我疗愈是指为了身体、智力、情绪、精神和社交等方面的健康而付诸的行动，即体贴而用心地关爱自己、疗愈自己，从而增加幸福、专注、稳定、快乐、平和、感恩和自爱的情感体验。

自我疗愈的重要性

世界正在不断地加速前进，这种加速的外部节奏对你的资源和时间的索取是没有尽头的。自我疗愈是一种帮助你重获力量、调整身心、建立自己的节奏的方式。当你进行自我疗愈时，拥有正能量的你更容易做出明智的决定。你会减少焦虑，获得满足，吸引更多你真正渴求的人或事进入你的生活。自我疗愈还能增加自信，保持快乐。当你在爱自己和他人的同时，也将阳光带入这混乱的花花世界。

如何使用本书

可以用任何你认为合适的方式来阅读这本书，尽管书名是《自我疗愈完全指南：远离负面情绪成为更好的你》，我希望你可以这样开始，在括号里填入你的名字。

（　　　　　）的
自我疗愈完全指南：
远离负面情绪成为更好的你

自我疗愈是一段个人旅程，所以在这本书的阅读方式上没有"正确"或者"错误"之分——书里的内容就是为你服务的，你可以用以下几种方式阅读这本书。

从头到尾通读。本书从大多数人往往都会忽视的自我疗愈的基本内容开始，比如如何睡一个安稳觉或如何补充适当的营养。然后讲解如何调动自我疗愈的内在要素——你的智力和情绪。接下来探索自我疗愈的精神练习和社交管理。这本书的关键是如何让经过疗愈的新的自我更好地融入周围的世界。

选取感兴趣的章节先读。可以挑选有相关需求的章节先读。也许你刚刚经历分手，自然容易被情绪的自我疗愈吸引；也许你正在寻求更深层次的自我认识，刚好适合深入感受一下智力的自我疗愈；也许你很好奇如何才能获取更积极正面的能量，探索精神的自我疗愈便是此刻所需；也许你正在寻觅如何用更有意义的方式休养身体，身体的自我疗愈会是你的最佳选择。

从实操练习开始。如果你想直接进入有关自我疗愈的实操程序，可以采用快速浏览的阅读方式，从每个章节中选择对应的练习来完成。然后再回过头来完整地阅读章节中其他的具体内容。

与朋友共同进步。你可以与朋友一起体验，比如每周从书中选择一些练习与朋友共同完成。或者每个月选择一些章节，在读书俱乐部中朗读给大家。你还可以和朋友互相激励和监督，完成书中的练习并始终将自我疗愈放在首位。

让更多人受益。你可以将这本书作为团体静修指南，也可以将它放在你的工作场所，作为公司的推荐读物，或在部门中传阅讨论。

让直觉引领你。拿起这本书浏览一下目录，看看哪些内容会让你眼前一亮。随意翻开内页，相信这便是你当下需要关注的内容。

无论你选择哪一种方式开始阅读，我都希望它能让你更接近幸福，接近你所热爱的生活和真正的自爱。

基姬·埃利
@blonderambitions
#自我疗愈完全指南

身体的自我疗愈

"你的身体很珍贵，它是觉醒的
工具。请珍而重之。"

——佛陀

运动

人的身体不应该是静止的，它渴望运动和被关爱。但是，随着人们的日程安排越来越满，身体往往是最容易被忽略的。如果想要真正实现对自我的疗愈，必须优先考虑尊重身体的需要，尝试做一些舒缓的运动。

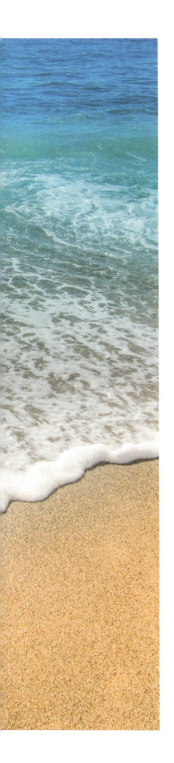

日常运动的好处

如果你像其他人一样，需要开始运动的动力，那么只需要每天30分钟，运动就能让你获得以下这些不可思议的好处。

情绪：运动能使大脑分泌内啡肽和其他提升情绪的化学物质，可以帮助增强幸福感，减少焦虑，对抗抑郁。

能量：运动会增加身体循环所需的氧气和营养物质的量。这种内循环会让心肺更有效地工作，从而提升能量水平。

整体健康：运动带来的一个立竿见影的好处就是免疫系统可以得到提升。随着运动成为日常习惯，有助于预防心脏病，降低血压，对抗抑郁和焦虑，预防和治疗癌症，对抗关节炎，降低中风概率及患2型糖尿病的风险。

体重管理：每天的运动可以燃烧多余的脂肪，令体重保持在健康范围内。

自信：运动让人由内而外地精神焕发，改善自我形象，有助于增强自信。

高质量睡眠：只要不在晚上锻炼（那会让你更难以入眠），白天进行运动可以帮助你更快入睡，并且睡得更久更香。

瑜伽

瑜伽是一种古老的自我疗愈练习，它被用于提升整体幸福感已经有5000多年的历史了。这部分内容讲解瑜伽的体式，即能提升耐力、增强力量的身体姿势。

瑜伽的好处

瑜伽的好处并不局限于为身体带来健康。将瑜伽练习融入日常的自我疗愈中，会让你变得专注、思路清晰。它会减少压力，降低焦虑，增强健康意识，让身心都得到治愈。此外，瑜伽显而易见的好处还包括更好的体态、更好的平衡性、更强的能量、更好的消化能力，以及起到润滑关节的作用。

瑜伽的3个基本体式

下面的每一个瑜伽体式，也就是所谓的"姿势"，你要把注意力集中在缓慢而有节奏的呼吸上。这有助于放松身心，并向神经系统传递舒缓的信号。

山式

这个站姿对身心放松、力量训练和体态改善都很有帮助。保持这个基本姿势1分钟，均匀呼吸。

第一步：双臂放在身体两侧，双脚并拢。

第二步：双脚下压地面，这就是所谓的"扎根"。

第三步：让大腿的内侧和小腿的内侧处于一条线上，向内收紧。下肢的力量内收且向上。将尾骨微微下压，耻骨向上提起，臀部肌肉收紧，使骨盆保持正确的姿态。

第四步：用鼻子吸气，双臂举过头顶。

第五步：将手臂放低至身体两侧，同时用嘴巴呼气，你应该能感觉到肩胛骨在向后推。

猫式

这个姿势可以温和地调动你的核心力量，伸展背部。如果你在日常生活中习惯久坐，这是一个很好的方式来拉伸脊椎、腹肌，伸展背部，并解决体态的问题。重复这个动作5次。

第一步：双手撑地，双膝跪地，手臂垂直于肩膀正下方，膝盖与臀部保持一条直线，保持脊椎放松。

第二步：当用鼻子吸气时，尾骨下沉，腰椎、胸椎渐次拱起，想象你的脊椎被拉向天花板。颈椎自然垂下，下巴收向身体。此刻你的脊椎抬起，形成一个向上的弧线。

第三步：保持这个姿势，并完全用嘴呼气。

第四步：用鼻子吸气，尾骨上翘，腰椎和胸椎渐次下沉，最后抬起颈椎目视前方，让每一节脊椎和深层的肌肉都得到锻炼。

第五步：保持这个姿势，用嘴呼气。

树式

这个姿势有助于加强平衡性、集中注意力、拉伸脊椎、稳定躯干，还有利于伸展腿部、腹股沟和臀部。这是一个奇妙的冥想的姿势，它可以让你感到强壮、脚踏实地，像参天大树一样"扎根"于地。保持这个姿势30～60秒，然后换另一条腿重复这个动作。

第一步：双脚与肩同宽站立。

第二步：左腿保持平衡，将右脚轻轻抬起至左大腿内侧。

第三步：把脚抬到大腿内侧尽可能高的位置。如果你无法把脚抬这么高，也可以把它放在膝盖以下的小腿内侧，但不要放在膝盖上。

第四步：确保右脚的脚趾指向地面，右膝盖朝外，展开右髋部。

第五步：坚持这个姿势并尽量保持平衡，骨盆打开向前。

第六步：将双手合掌放在胸前，就像在祈祷一样。

第七步：为了帮助平衡和冥想，眼睛注视墙面或地板上的一个固定位置，有助于集中注意力和保持稳定。

第八步：保持这个姿势，用鼻子深深吸气，用嘴巴慢慢呼气。

散步

散步是一种缓解压力的低强度活动，任何人都可以将其纳入日常的生活中。散步几乎可以在任何地方进行，而且对装备的要求很低——你只需要一双舒适的鞋子。

如何迈开步伐

给自己设定一个小目标，例如，每天走7000～8000步，或每周进行150分钟的适度运动。为了达到这一目标，可以根据自己的身体进行合理的调整。可以每周步行5次，每次30分钟，或者把它再进行拆分，悄悄融入一天的生活中。只要你做了，怎么做或者什么时候做都不重要。

散步可以很容易地成为愉快生活中的活动之一。如果没有足够的时间进行体育锻炼，散步就是一个完美的替代方案，它可以无缝地融入每一天。这里有5种方法让你动起来。

爬楼梯：乘电梯很省力，但是不乘电梯对健康更有好处。仅仅爬两层楼梯就能唤醒腿部的肌肉，让你的心跳加速。

把车停在远处：到任何地方都走路去是不现实的，但可以选择把车停在停车场的尽头或顶层，然后步行出去。这样的步行会让久坐的身体动起来。

有效的步行：即使是非常忙碌的一天，也可以安排一场说走就走的散步。如果你有邮件要回复，可以在时速4～5公里的跑步机上缓慢行走。这个速度足够慢，不会令人上气不接下气，也不妨碍打字，但达到了适度的运动量。如果你要打电话（若是跟你爱的人聊天，疗愈的效果会额外加分），听语音留言、广播、有声读物，不妨把蓝牙耳机连接到智能手机，在做这类事情的时候出去散个步。

有计划地散步：为了优先关爱自己的身体，你需要每天散步30分钟。可以根据自己的日程来统筹规划这30分钟，安排1个30分钟，或2个15分钟，或3个10分钟，或6个5分钟，

把一天的散步时间规划好，然后在手机日历上设置提醒。想走路上班吗？换上舒适的鞋子就好了。周末有散步计划吗？选一个晴朗的清晨出发就是了。散步让你以良好的状态开始一天的生活。

到大自然中去：如果想获得更多的好处，例如放松身心、呼吸新鲜空气、补充维生素D、亲近自然，那就去户外走走吧。可以在附近散步、在公园内散步、在日落时分的海滩上散步，或者尝试新的徒步路线。打破常规走出去，可以令人产生一种奇妙的感觉，有机会欣赏自然的美，你甚至根本没有意识到你在锻炼。

拉伸

拉伸是一种简单而平静的方式，可以将对身体的疗愈融入日常生活中，并让你了解自己的身体状况。

每天做5分钟的拉伸运动可以改善灵活性，提高灵敏度，扩大活动范围，改善肌肉的血液循环。它可以缓解压力，帮助保持体态，缓解身体疼痛，避免身体在将来饱受痛苦。因为随着年龄的增长，肌肉会变得僵硬甚至萎缩，拉伸有助于保持肌肉弹性和身体的柔韧度。

当肌肉处于温热状态时，拉伸的练习效果最好。所以在开始练习之前，可以通过快走进行热身，让血液加速流动起来。即使没有足够的空间，也可以做一两分钟的轻度开合跳。以下练习中采用的是静态拉伸动作，即舒适地拉伸30秒，你也可以根据自己的感觉来调整时间。拉伸时要感受你的身体，如果有明显疼痛，请停下来。拉伸初期可能会有一点不适应，但绝不应该是疼痛的。

日常拉伸训练

腿部拉伸

这个拉伸练习的目标是腿筋、臀大肌和小腿，它也能让颈部和背部得到伸展。

第一步：双脚分开与肩同宽，膝盖微微弯曲。

第二步：上半身慢慢弯腰俯身。

第三步：当向前弯腰时，让颈部和肩膀保持放松，同时慢慢呼吸。

第四步：将手环绕到腿后部，让身体更接近腿部，注意保持膝盖微微弯曲。

第五步：保持这个姿势30~120秒。

第六步：弯曲膝盖，慢慢抬起身体，回到站立的姿势。

门框辅助拉伸

门框辅助拉伸有助于打开胸部，伸展肱二头肌。

第一步：找到一扇打开的门。

第二步：手放在门框的两边。

第三步：身体向前倾，直到胸部感受到舒适的伸展。

第四步：保持30~60秒，同时保持呼吸顺畅。

肱三头肌拉伸

这个拉伸练习的目标是肱三头肌，同时有助于放松上背部、肩膀和颈部。

第一步：两脚与肩同宽站立，膝盖微微弯曲。

第二步：将右臂伸到空中，右肘关节弯曲。右手靠近上背部的中部，尽力触摸右肩胛骨。

第三步：用左手抓住右肘关节，以增加伸展。

第四步：保持30~60秒，保持呼吸顺畅。

第五步：换左臂重复以上动作。

膝对胸拉伸

膝对胸拉伸是一种让人放松的伸展练习，可以帮助放松一些身体通常感觉很紧的部位，包括臀部、下背部和腿筋。

第一步：平躺，双臂放在身体两侧，双腿伸直。

第二步：保持左腿伸展，将右腿膝盖向胸部弯曲。

第三步：深呼吸，用双手将右膝盖拉向胸部。

第四步：下背部压紧地面，保持身体稳定。

第五步：保持30~60秒，同时保持呼吸顺畅。

第六步：换腿重复以上动作。

蝴蝶式拉伸

蝴蝶式拉伸是一个很好的开髋动作，髋部是很多人承受压力和行动不便的部位，同时对背部、大腿和臀部也有好处。

第一步：保持良好的姿势，舒适地坐在地板上。

第二步：弯曲双膝朝左右两侧，双脚脚底相对。

第三步：用手将膝盖推向地面，以加强拉伸感。

第四步：如果渴望更深度的伸展，可以将上半身向脚的位置前倾。

第五步：保持30~120秒，同时保持呼吸顺畅。

全身心的联系沟通

舞蹈最重要的作用是将精神、本能和直觉通过身体的舞动表现出来。我们常常把自己的思想、精神和身体分开来看，但当加入音乐和舞蹈时，这三者就融为一体了。舞蹈让这三者合而为一，也在多个层面上表达出你对自己的爱和关心。

舞蹈

舞蹈可以表达很多内容，比如庆祝、艺术、美、运动、人类的成就以及我们跟随音乐起舞的原始本能，舞蹈一直是人类生活中不可或缺的一部分。

舞蹈无关好坏、是否合拍，抑或特定的姿态。舞蹈的真谛是自由和表达，是意识引领身体的舞动。在舞动中，你摒弃了禁忌和自我批评，表现出一种自我接受和自我表达，这正是自我疗愈的两种方式。

跟随直觉起舞

要想跟随直觉起舞，先要消除感到难为情的顾虑。如果你喜欢跳舞，并且可以无所顾忌地自由舞动，或许可以尝试在这个练习中加入镜子，这有助于你更加热爱自己的身体，欣赏自己舞动时的曼妙身姿。顺便说一下，如果在跳舞时感到有点不安，这是完全正常的。那么就远离镜子练习，这样就不会总是忍不住去审视和评判自己了。

第一步：选一首能产生共鸣、想要舞动起来的音乐，试着寻找一些会让你感到精力充沛的快节奏旋律。

第二步：设置重复播放这首歌曲，因为将要舞动大约10分钟。

第三步：可以通过打响指或用脚轻打拍子来慢慢开始，不必担心合拍的问题，唯一重要的是拥有自己的节奏。

第四步：让肩膀和臀部也参与其中，不要限制或审视自己的动作，让身体随着音乐的节奏自由舞动。

第五步：让这种自由感延伸到身体的其他部位，想怎么动就怎么动。可以蹦跳、下蹲、挥舞手臂、转动肩膀、爬行、踢腿、摇摆……可以做任何想做的动作。如果感觉对了，就闭上眼睛享受舞动。

第六步：对于舞蹈动作，可以有很多不同的选择，活动手臂、腿部、臀部、背部、手、脚、颈部、肩膀和躯干，甚至关注你的手指和脚趾。观察身体的舞动，你已经创造了很多动作组合，并且还可以开发各种无穷无尽的动作组合。也许你从未尝试过这些动作，可能会感觉很奇怪，但是这不重要，因为你正在探索你与身体的关系。

第七步：继续这个练习大约10分钟，关注身体和精神上的感觉。跳完舞的你快乐吗？觉得自由吗？觉得畅快吗？精力充沛吗？你会发觉通过舞蹈能建立身与心的联系，可以在10分钟内改变心态。

触觉

遍布体表的神经末梢能让你感知周围的一切。如果在一个特定的时刻停下来,体会触摸的感觉,你可能会惊讶于触觉有如此多的体验方式——它不仅仅来自其他人,还来自你在这个世界上遇到的所有事物。

例如,如果你正坐在椅子上阅读这本书,能感受到身体接触的座位和椅背。如果你正在户外阅读这本书,能感受到温暖的阳光照在皮肤上,微风轻轻吹拂头发。着装也会带给身体切实的触感,鞋子可能会有些夹脚,手镯会碰到手腕。如果头发是垂下来的,它可能会拂过你的面庞或脖颈。如果交叉双腿,你会感觉到两腿之间的触碰。实际上,你一直在"触摸"周围的世界,但如果没有慢下来用心关注这种体验,你就会错过与周围环境的重要互动。

的自然发育产生负面影响，这是有科学依据的。在生命的早期阶段，赤脚接触地面也有助于本体感觉的发展，本体感觉是对身体的状况和变化的感知。随着年龄的增长和时间的流逝，鞋子渐渐进入日常生活。穿鞋有许多明显的好处，保护双脚并保持舒适。然而，有时鞋子是不必要的，它阻碍了你与地面的触觉联系。

赤脚的好处

赤脚行走对实现自我疗愈有很多好处，包括：

• 赤脚走路让你以自然的方式行走，有助于恢复步态

• 赤脚可以增强腿部肌肉群的力量并促进其发展

• 增强身体的意识和平衡感，改善体态，使肌肉和韧带更加稳健

赤脚走在草地、沙滩、土地等自然介质的表面，可以让身体与地球的自然电荷或电子连接，这一概念被称为接地气。接地气有很多已被证实的好处，包括：

• 缓解疼痛程度

• 更优质的睡眠

• 减少压力

• 改善免疫系统

• 与自然的更深层次联系

• 更能活在当下

触觉感官的重要性

活在当下，为了能更好地照顾好自己，你需要充分感知周围的环境。如果没有充分调动你的感官——触觉是你的五感之一，那么从本质上讲，你与当下是脱离的，并没有完全融入生活。

自我意识是自我疗愈的一种必要形式，没有自我意识，你就无法成长，要与你的感官保持一致。当给予触觉应有的关注时，借由触觉的交流，你可以解锁一个全新的体验。

释放双脚

婴儿是光着脚迈出第一步的，他们的双脚直接接触地面。鞋子会对儿童脚部骨骼和肌肉

接地气训练

第一步：找一个户外区域，例如草地、沙滩、土地或任何对双脚来说舒适且安全的地方。

第二步：赤脚站在地面5~10分钟，同时进行深呼吸。

第三步：赤脚行走5~10分钟。

第四步：每周至少拿出3天，试着让双脚融入大自然。

按摩

自我疗愈是先认识自己的需求，然后满足自己的需求的一个过程。按摩会让人感到舒适和放松，是一种自我疗愈的必需品。

按摩的好处

按摩的好处不局限于身体，还能疗愈你的情感和精神。花点时间，通过有意识的疗愈按摩来治愈身体，你会有以下收获：

- 减少压力和焦虑
- 缓解肌肉疼痛
- 舒缓消化系统
- 释放身体的紧张感
- 对自我的关爱和联系
- 放松身心

舒服的自助按摩

可以预约在水疗中心进行按摩调理，也可以在舒适的家里用以下方法给自己按摩。

足部按摩

双脚一整天都在负重，需要被给予更多的关爱，缓解放松脚部肌肉的疲劳和紧张感。

你需要

一个网球和一堵墙

第一步：赤脚站在墙边，背部靠墙以保持平衡。一只脚踩地站立，另一只脚落在网球上。如果觉得网球太大，也可以用高尔夫球替代。

第二步：落在网球上的这只脚随着网球来回滚动，并逐渐把重量落在这只脚上，以增加脚底对网球施加的压力。

第三步：把注意力集中在足弓、脚跟、脚掌和脚趾上，坚持这样做1~2分钟。

第四步：换脚重复同样的练习。

小腿按摩

四处奔波或一整天的持续站立会导致小腿肌肉紧绷，特别是如果穿高跟鞋的话，需要一些额外的护理方法来舒缓小腿的肌肉紧张。

你需要

一把舒适的椅子

第一步：坐在椅子上，赤脚轻轻落在地上。身体前倾，用拇指找到跟腱——用手指捏脚踝后部的两侧，去感觉从脚后跟一直延伸到小腿肌肉后部的强健的肌腱组织。

第二步：施加压力，慢慢按摩这个部位，直到紧绷感得到缓解。

第三步：继续这个动作，从小腿后侧一直按摩到膝盖后窝，直到小腿感到放松。

第四步：换腿重复以上动作。

手部按摩

在自我疗愈的按摩练习中，手部经常容易被忽视。双手一直在工作，理应得到放松。用5分钟给自己做一次手部按摩，效果立竿见影。

你需要

乳液

第一步：在手上涂抹适量乳液行进揉搓，直到乳液覆盖双手。

第二步：用拇指摩擦另一只手的手掌。轻轻地将每根手指从指根处向指尖推揉，进行拉伸和放松。

第三步：一只手向后推另一只手的掌端，并用力伸展手腕。

第四步：换手重复以上动作。

颈部按摩

紧张性头痛、压力和焦虑都可以表现为颈部疼痛、僵硬和酸痛。花几分钟时间帮助颈部肌肉放松，可以有效缓解压力和焦虑。

第一步：双手落于颈部两侧的肌肉群，用手掌和手指沉稳而轻柔地推按颈部。

第二步：以拇指用力画圈按揉，疏通经络，然后松开双手。

第三步：坐直，将左耳靠近左肩，直到感觉颈部右侧被拉伸，保持30秒。

第四步：换另一侧重复以上动作。

背部按摩

背部是身体的主要支撑，也是累积情绪压力的地方。靠自己按摩背部会很困难，所以需要一个网球来帮助你。

你需要

一个网球

第一步：把网球放在地上，躺下，双腿弯曲，背部压在网球上。

第二步：保持背部压着网球，借助胳膊和腿，轻轻地前后移动身体。当按压到背部任何极其紧绷的部位时，可以暂停身体的移动，并减轻体重对网球的压力。

第三步：只要你需要，随时可以这样做。

臀部放松

很多人一天中的大部分时间都是坐在椅子上，所以臀部承受压力是很常见的。久坐的生活方式会导致臀部紧绷，只需要3分钟和一个网球就可以缓解。

你需要

一个网球

第一步：把网球放在地上，置于右臀之下。

第二步：用双手撑着地面，升高或降低身体，以控制身体压在网球上的重量。将臀部在网球上滚动，在有紧绷感的部位停下来。

第三步：换左侧臀部重复以上动作。

眼睛放松

让久看屏幕而疲劳的眼睛得到舒缓放松。

第一步：摩擦双手直到变热。

第二步：将双手轻轻扣于双眼上，用掌心的热量舒缓双睛。

第三步：重复多次，直到眼睛的疲劳得到缓解。

舒适

人们都希望自己看起来不错，但这一切都始于自我感觉良好。如果衣服不合身、面料粗糙、做工粗劣，使身体感觉不舒服，或者与你的个性不符，那么你需要对自己好一点了——更新你的衣橱。

选择舒适的服装

在选购衣服时，问问自己以下问题，如果对其中任何一个问题的回答是否定的，那就不应该买：

• 这件衣服适合我现在的身材、体重吗

• 这件衣服的面料和所有配饰，包括挂钩、拉链、纽扣、松紧带对皮肤友好吗

• 这件衣服符合我的个性和生活方式吗

• 这件衣服做工精良吗

• 我穿这件衣服能活动自如吗

让人感觉治愈的服装

想象一下：当你站在衣橱前，里面的每一件衣服都很喜欢、很合身，都能代表你的身份，穿起来自我感觉很好，让你感到很自豪。

听起来难以置信，是吗？如果这听起来是一个遥不可及的梦，那么你就需要反思并动手整理衣橱。着装是自我疗愈的一个有效手段，舒适、治愈的着装能让你表达自我，缓解压力，增强自信。

所需时间

一天还是两天，取决于衣服数量

所需材料

纸箱

全身镜

衣架

第一步：在纸箱表面贴上"保留""捐赠""修改"和"丢弃"的标签。

第二步：把衣柜里所有的衣服拿出来，堆放在地板上。

第三步：播放一些欢快的音乐，在全身镜前一件一件地试穿。

第四步：当试穿每一件衣服时，问问自己以下几个问题：

• 尺寸合身吗

• 穿着舒适吗

• 这是我的风格吗

• 做工剪裁得当吗

• 身体能够活动自如吗

第五步：如果对"尺寸合身吗"的回答是"否"，那么问问自己"稍微修改一下是否会让它合身，并是否值得花钱去修改"，如果你的答案是"是"，就把它放在贴"修改"标签的纸箱里。如果答案是"否"，请继续下一步。

第六步：如果完成了第五步，前面所有问题的答案都是"否"，那么是时候决定这件衣服的去处了。要捐赠还是丢弃，放在对应标签的纸箱里就好了。

第七步：如果对所有问题的回答都是"是"，那么就把衣服放在贴"保留"标签的纸箱里。

第八步：对每件衣服重复这个过程。

第九步：做完上述事情后，将放入"丢弃"纸箱中的衣服投到垃圾桶中。

第十步：将放入"修改"纸箱里的衣服交给裁缝进行修改。

第十一步：将放入"捐赠"纸箱里的衣服捐给当地慈善机构或投入旧衣回收箱。

第十二步：将要保留的衣服分门别类地挂回衣橱中。

第十三步：每年重复一次这样的练习，就能避免衣橱杂乱和不舒适的衣服。

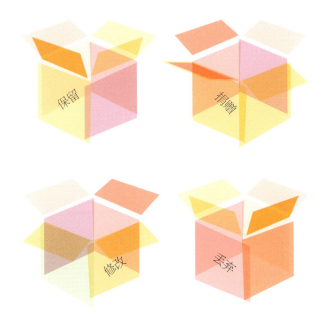

保留　捐赠　修改　丢弃

日光浴

日光浴除了能改善情绪和缓解压力，还能补充维生素D，有助于保持骨骼强壮，适度的阳光照射也有助于预防某些疾病。每周接受2～3次阳光的沐浴，每次5～15分钟，就可以获得这些好处。

沐浴日光

晨间的散步已经成为你的日常活动，这是开启一天的好方法，不仅有助于调节昼夜节律，还可以提升情绪，感受你的身体。

清晨的阳光是温和的，所以即便在没有防晒措施的情况下，沐浴阳光10～15分钟通常也是安全的。做做下面的练习，让户外锻炼成为一种习惯。

第一步：连续5天将闹钟设置成比平时早15分钟的时间，最好选择周一到周五。

第二步：如果你在日出之前就起床了，可以做一些其他的日常活动，等到太阳升起再出门。如果你在太阳升起后才起床，那就马上出发。

第三步：找一个舒适的坐姿，面向太阳。

第四步：放松自己，自由呼吸并连接你的感官。今天的阳光如何？身体有什么感觉？能听到什么声音？

第五步：保持这个姿势10～15分钟，安静地慢慢呼吸，感受周围的环境。

第六步：经过5天这样重复的练习，你会发现情绪产生了积极的变化，压力水平也降低了，变得更乐观，甚至精力充沛！

关注当下

我们很容易忽略当下。你可能发现自己一直在思考过去，那些留下的遗憾、问题、悲伤将你淹没。或者你还在担忧未来，被假设、焦虑和想要掌控的结果折磨。但是，如果过度地思考过去或未来，就无法享受现在。自我疗愈的一个必要行为就是让自己融入当下，这样才不会错过眼下的宝贵时光。

五感练习

这个可以随时随地进行的简单练习，会带你全然融入当下的生活。即使你没有注意到这5种感官，它们也一直在工作。感受这5种感官，便是在感知此刻的经历，正是这种感知将你的意识带回到此时此地。

向自己提出以下问题，在脑海中做出回答。如果你身处私人空间，可以大声说出答案。

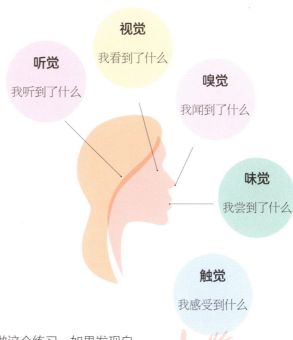

听觉
我听到了什么

视觉
我看到了什么

嗅觉
我闻到了什么

味觉
我尝到了什么

触觉
我感受到什么

每天做这个练习。如果发现自己被困在过去或未来里，可以多次重复这个练习，直到让关注当下成为一种习惯。

补充水分

人体约70%的成分是水，这意味着身体成分的一半以上是水。更令人震惊的是，血液的80%是水。鉴于身体需要水来维持最高水平的功能，保持充足的水分是自我疗愈的基本方法。

每天摄入足够的水有很多好处，以下是几个关键的好处：

- 保持口腔清洁，防止蛀牙

- 能让关节之间的韧带保持润滑，提高韧性

- 防止皮肤过早老化，使皮肤看起来丰盈、水灵、年轻

- 促进身体排泄废物

练习

日常补水

用一个简单的计算公式，可以根据体重算出每天所需的饮水量。根据美国洛杉矶国际医药研究所的研究，成年人每天标准的饮水量是，每千克体重应该补充40毫升水。

为了使喝水成为一种习惯，请连续7天坚持做以下练习。如此一来，保持身体的水分将自然而然地成为日常习惯。

所需材料

水壶

不可擦除的记号笔

第一步：计算每天需要的水量。

第二步：将所需的水倒入水壶中。

第三步：用记号笔从水壶底部开始向上画10条等距的水位线。

第四步：在手机上设置一个计时器，从早晨醒来开始计时，每小时响1次，总计10次。

第五步：每次当计时器响起时，将水壶中的水喝到下一个标记处。

第六步：当一天结束的时候，就已经摄入充足的水分了！

疗愈之水

喝水是保持身体水分最简单的方法。喝与室温相同的温水最佳，这样身体就不需要浪费任何能量来加热它。

建议每天早晨醒来就喝水，因为在睡眠时身体的水分会流失。可以试着在温水中加一点柠檬汁或一匙苹果醋，这是一种能消除疲劳的饮品，有助于促进消化，加快新陈代谢，清除沉积的乳酸，保护肝脏。

如果觉得喝水很无聊，或者不喜欢白开水的味道，可以尝试在水里加点水果或花草茶。准备一个养生壶，在水中加入以下几种组合：

- 西瓜和薄荷
- 桃子和鼠尾草
- 草莓和罗勒
- 柠檬和薄荷
- 柠檬、酸橙和橘子
- 柚子和薄荷

疗愈系饮品

除了直接喝水，还可以通过其他饮品获得补水、排毒的好处。试着在早上来一杯甜辣西芹汁，或在下午来点提神的冰太阳茶，还可以在晚上喝一杯安神助眠的黄金牛奶。

甜辣西芹汁

这种果汁尝起来像微辣的柠檬水。如果受不了辣，别放姜就好了。

你需要

榨汁机

原料

6根西芹

半个柠檬

3个中等大小的苹果

3茶匙鲜姜末

制作方法

将所有原料放入榨汁机，启动榨汁机即可得到一杯甜辣西芹汁，早上起来空腹喝一杯。

提示!

如果想让果蔬汁更甜，只需再加1个苹果。如果喜欢酸味，可以尝试用1个柠檬。

太阳茶

咖啡因会促进交感神经兴奋，具有成瘾性，所以不含咖啡因的茶是一个健康的选择。泡茶的简单方法就是利用阳光。

你需要

滤茶器

一个有盖子的玻璃瓶

原料

不含咖啡因的散叶茶或水果，可以试试薄荷、香草或芒果

纯净水

冰块

制作方法

第一步：将散叶茶或水果倒入滤茶器。

第二步：将纯净水注入玻璃瓶中。

第三步：将滤茶器放在玻璃瓶中。

第四步：盖好盖子，将玻璃瓶放在户外可以受到阳光直射的地方。

第五步：在阳光下晒3~5小时。

第六步：现在可以喝茶了！加入冰块，喝起来更加清新爽口。放在冰箱里可保存2天。

黄金牛奶

这是一种传统的印度饮料，因其具有舒缓的作用而受到追捧。

你需要

平底锅

喜欢的杯子

原料

2杯牛奶或奶制品，比如杏仁奶或椰奶，约480毫升

1.5茶匙姜黄粉

0.5茶匙生姜粉

1汤匙椰子油

一点黑胡椒

制作方法

第一步：将原料倒入平底锅，中火加热、搅拌。当牛奶开始沸腾时关火。

第二步：将黄金牛奶倒入喜欢的杯子，趁热享用。

提示!

如果喜欢甜甜的味道，可以加一点蜂蜜或枫糖浆。

食物的滋养

给予身体适当的食物滋养，也是对身体的关爱和疗愈。当感到饥饿时，花时间为自己准备营养丰富的健康食物是自我疗愈的重要部分。真正的健康是由内而外的，让身体获得充足的营养，是一种至关重要的自我疗愈方式。

直觉饮食：食物无罪

当我们还是婴儿的时候，会本能地凭直觉进食：饿的时候吃，吃饱便停止。在我们成长的过程中，却开始为其他原因而进食：慰藉情感、排遣无聊、饮食成瘾、食物渴望。重新与身体建立联系，识别身体发出的饥饿信号——真正饥饿时再进食，在过饱之前便停止，这也是一种自我疗愈的方式。

要做到这一点，首先需要区分身体饥饿和情感饥饿。身体饥饿，准确来说，即身体会发出一些信号，比如能量低、胃痛、肚子咕咕响及情绪易怒等，以此提醒你是时候该补充能量了。情感饥饿是指除了身体饥饿之外的其他原因导致的饥饿感。

对身体的关爱，需要关注身体的饥饿状态。问问自己"我饿了吗？有饥饿信号吗？"如果身体信号是肚子咕咕响或胃痛，那么你该吃饭了。如果你感觉精力不足，可以考虑吃点零食。如果你不确定饿不饿，可以喝一杯水，有时渴望食物只是缺水的信号，如果过一会饥饿感消失，就不必进食了。

如果到了吃饭时间，应该注意以下两点：

咀嚼：每吃一口咀嚼30次。这有助于分解食物，让身体更容易获取营养，还有助于消化，并让身体有充足的时间感受是否已经吃饱了。

有意识地进食：进食的同时关注当下。选择一个安静的地方来享用和品味食物。细嚼慢咽，享受当下的状态，这也有助于你感受自己是否已经吃饱了。

这种意识将你和自己的身体联系起来，并修正乃至增强你与食物的关系。当倾听身体发出的信号并做出正面积极的应对时，就是在疗愈自己。

用健康的食物填满厨房

如果有更多的选择，应该选择有益健康的食物。有意识地滋养身体是一种自我疗愈的行为，它会影响你的健康、情绪和外在。

下次再去超市或农贸市场选购食物时，试着运用ABC食物选购法来开启"彩虹饮食"吧。

ABC食物选购法

ABC食物选购法的概念很简单，即苹果（apple）或鳄梨（avocado）、香蕉（banana）和黄瓜（cucumber）。这些食物对健康有让人意想不到的好处，它们既能充饥，又能为身体提供大量的营养。

• 苹果：这种高纤维水果含有抗氧化剂，有助于改善大脑健康和降低胆固醇。它还富含维生素C和维生素B，而且热量低

• 鳄梨：这种营养丰富的水果含有20多种不同的维生素和矿物质。它富含纤维和钾，有大量有益于心脏的单一不饱和脂肪酸，还可以帮助降低胆固醇

• 香蕉：这种水果方便携带，是一种能填饱肚子的零食。它富含纤维、维生素C、维生素B6和钾。它还含有益生元，对消化系统有好处

• 黄瓜：这种低热量的食物是完美的零食，可以作为三明治或沙拉的松脆配料。可以把黄瓜当小食吃，它能帮助减肥并保持水分，而且富含抗氧化剂

零食

在厨房里储备健康的零食和主食极其重要，当身体需要补充能量时，你就可以做出最佳决定。有意识地关注和食用高品质食物，也是对身体的关爱和投资。

核桃：浸泡在盐水中的核桃更容易消化。核桃中富含多元不饱和脂肪酸，有助于激活大脑和神经系统，也很有饱腹感。

果干：可以满足对甜食的需求。如果想让零食更丰盛，那就来一份果干搭配坚果的零食组合吧。

枣：枣之所以被称为"大自然的糖果"是有原因的。把枣作为晚餐后的零食，可以避免对丰盛的甜点产生渴望。

果仁黄油：杏仁黄油和腰果黄油都是极其美味的，口感丰富且用途广泛。可以用它们来做三明治，或者涂在香蕉上。

瓜子：这种高蛋白零食十分受欢迎。南瓜子、葵花子和奇亚籽都是不错的选择。

爆米花：如果不添加黄油，这种简单易做的零食也是健康的选择，还可以加入不同的辅料来制作不同的味道。

烤鹰嘴豆：这种酥脆的小吃很美味，而且富含蛋白质。

彩虹饮食

当选购食物时，应该尽量选择各种颜色的食材。红色、橙色和黄色的食物因含有类胡萝卜素而被认为具有抗氧化作用；绿色的蔬菜往往富含维生素A、维生素C和钾；而蓝色和紫色的食物、果蔬，颜色越深，则抗氧化效果越好。彩虹饮食既保证了饮食的多样性，又能使你获得均衡饮食所必需的各种营养和维生素。

红色：苹果、红甜椒、草莓……

橙色：胡萝卜、柿子椒、橘子……

黄色：香蕉、柠檬、菠萝……

绿色：西蓝花、卷心菜、生菜、菠菜、香草……

蓝色/紫色：蓝莓、茄子、李子、紫甘蓝……

备餐

生活难免会出乎意料地忙碌起来，所以可以提前将食物备好，这是一种自我疗愈的美妙方式，因为不管有多忙，都会有美味而营养的饭菜等着你。网上有无数备餐的方法，花点时间研究一下，提前计划好饮食菜单。同时，这里提供了一份菜单样本，只需很短的时间，就可以准备好够吃3天的饭菜。

食谱

早餐

蓝莓麦片椰子酸奶

你需要

1个500毫升的玻璃罐

纸巾

橡皮筋

3个250毫升的玻璃杯

食材

约400毫升全脂椰奶

酸奶发酵菌（不含益生元和酶）

3杯蓝莓

4.5杯你喜欢的麦片

椰子酸奶的制作方法

第一步：将椰奶倒入500毫升的玻璃罐中。

第二步：放入酸奶发酵菌。

第三步：用勺子搅拌均匀。

第四步：用纸巾盖住罐子，用橡皮筋固定。

第五步：静置24～48小时，盖上盖子，放入冰箱冷藏。

蓝莓麦片椰子酸奶的制作方法

第一步：将做好的椰子酸奶少量倒入250毫升的玻璃杯中。

第二步：在酸奶的表面放置一层蓝莓。

第三步：在蓝莓的表面铺满一层麦片，中间的蓝莓可以防止麦片变软。再如此重复操作一次，就可以制作出有夹心的蓝莓麦片椰子酸奶。

第四步：用同样的方法制作另外两份蓝莓麦片椰子酸奶，将3个杯子封好放入冰箱，3天内食用完。

午餐

罐装沙拉

你需要

3个500毫升的玻璃罐

食材：可根据口味进行选择

选择脆爽的蔬菜丰富口感，如胡萝卜、芹菜、黄瓜和洋葱

用新鲜蔬菜配色，如鳄梨、玉米、豌豆、青椒和西红柿

再加一些富含蛋白质的食物，如豆类、豆制品、坚果、肉类

少不了的绿叶蔬菜，如长叶莴苣、芝麻菜、甘蓝、菠菜和卷心菜

调味料

沙拉酱

制作方法

第一步: 将蔬菜洗干净切好。

第二步: 先在玻璃罐底部放入2～4匙调味料，调制喜欢的口味。

第三步: 再将不易入味的食材如胡萝卜、西红柿、青椒等置于调味料上，以便将其与沙拉酱和绿叶蔬菜分开。

第四步: 将其余的蔬菜分层，均匀地散布在玻璃罐里。

第五步：加入1把富含蛋白质的食物。

第六步：装入大约是玻璃罐容量一半的绿叶蔬菜。

第七步：最后盖上盖子。将另外两个玻璃罐也按照同样的方法装满，一起放进冰箱，可保存3天。吃之前用力摇晃玻璃罐，将调味料和其他食材均匀混合，然后把沙拉从罐子里倒出来就可以享用了！

晚餐

法士达饭

你需要

烤箱

1个烤盘

3个适用于微波炉的保鲜盒

食材

约280克糙米

1个红皮洋葱

3个灯笼椒（选喜欢的颜色）

约230克脱骨去皮的鸡胸肉（素食者可省略）

3勺橄榄油

半勺玉米卷调味料

一罐黑豆罐头

约200克喜欢的调味汁

制作方法

第一步：做好糙米饭。

第二步：将烤箱预热至220摄氏度。

第三步：将红皮洋葱和灯笼椒切成条，摆满半个烤盘。

第四步：把鸡胸肉切成细条，摆满烤盘的另一半。

第五步：将橄榄油淋在蔬菜和鸡胸肉上，撒上玉米卷调味料。

第六步：将烤盘放入烤箱，烤制25分钟后，法士达就做好了。备用。

第七步：在保鲜盒的底部铺上一层糙米饭。

第八步：在糙米饭上面放一层黑豆。

第九步：在黑豆上面放一层烤好的法士达。

第十步：在最上层撒上喜欢的调味汁。

第十一步：盖上盖子，放入冰箱，最多可储存3天。

第十二步：当准备吃的时候，将其放入微波炉，加热后就可以享用了。

变得更美

花些时间和精力在外表上，也是自我疗愈的一部分。这绝非虚荣或肤浅，而是对身体、头发和皮肤的尊重。这个过程能让你更自信地与人交往，建立自豪感，并向世界表明你不仅尊重自己，也期待别人的尊重。

美容仪式

仪式是一种有特定顺序，并可被复制的程序，通常能达到抚慰和赋能的效果。可以创造许多不同的自我疗愈仪式，其中美容仪式是比较容易实践的，因为它的好处是显而易见的，而且执行起来也很简单。

如果觉得创建自己的美容仪式有困难，不妨借鉴下面的仪式和惯例。随着时间的推移，可以进行适当调整，并在这些仪式中加入自己的风格和喜好，直到形成专为自己定制的美容仪式。

重复和坚持是习惯养成的关键。开始时每周进行3次，然后可以在你认为合适的时候投入更多的时间，直到将美容仪式融入日常生活中，变成自然而然的事。

步骤一：深层清洁的洁面油

洁面油洗脸是指用油（是的，的确是油！）来清洁面部。这有助于溶解彩妆、深层清洁。这种方法有很多好处：保湿、清洁、滋润，比传统的洁面产品刺激更小。它还能去除污垢，收缩毛孔，清除粉刺。

5分钟护肤程序

花点时间护理皮肤有很多好处：舒缓、镇定、恢复活力，减缓衰老过程。日常的护肤程序能保护皮肤免受环境中的自由基的伤害，有助于排除毒素，令人容光焕发。

每天早晚分别花5分钟时间，来优先关爱皮肤。此外，这也是用一种提神和放松的方式，来开始和结束你的一天。

配方

自制洁面油

你需要

2茶匙椰子油

1茶匙蓖麻油

使用方法

先将椰子油和蓖麻油混合。手的温度有助于将冰凉的椰子油变得温热，更好地发挥功效。将混合好的洁面油涂抹在面部，用指腹打圈涂抹（不要用水）。可以用这种洁面油来卸妆，或者简单地滋养裸露的皮肤。打圈按摩1～2分钟后，用温水洗净，轻拍面部。如果皮肤上有多余的洁面油，也不必担心，因为会在接下来的步骤中把它清除掉。

提示！

洁面油甚至可以用来溶解眼部防水的彩妆。

步骤二：香皂清洁

用普通香皂清洁皮肤会对皮肤造成伤害，这就是为什么在护肤过程中需要使用一种特殊的香皂，即橄榄皂。橄榄皂足以去除使用洁面油后残留的油脂，甚至可以清除粉刺，它足够温和，不会破坏皮肤的酸碱平衡，而且不会引起任何刺激，也不会使皮肤失去天然水分。

配方

自制香皂洁面乳

你需要

带有起泡器的洗面奶瓶

液体橄榄皂

蒸馏水

薰衣草精油

柠檬精油

操作指南

在洗面奶瓶中倒入1/8的液体橄榄皂，再加入3/4的蒸馏水、20滴薰衣草精油、10滴柠檬精油，轻轻地摇动瓶子，将液体混合。

使用方法

用温水打湿面部，取适量香皂洁面泡沫置于手心，用香皂洁面泡沫在脸上打圈按摩，最后用温水洗净，轻拍面部。

步骤三：爽肤水

爽肤是一个快速的步骤，可以清除皮肤上的油脂、洁面乳和化妆品残留。它还有助于保持皮肤的酸碱平衡，缩小毛孔，增加皮肤的自然光泽。

配方

自制爽肤水

你需要

琥珀色玻璃瓶

金缕梅萃取液

玫瑰水

使用方法

用琥珀色玻璃瓶装1/4的金缕梅萃取液，然后用玫瑰水把瓶子装满，用化妆棉浸透爽肤水后涂抹整个面部。

步骤四：保湿乳液

保湿乳液可以锁住皮肤水分，帮助消除细纹和皱纹，还能给肤色增加额外的光泽，减少暗沉，均匀肤色，消除黑眼圈。

步骤五：面部滚轮按摩器

公元17世纪，部分中国贵妇就在使用面部滚轮按摩器了。这是一种古老的美容工具，在网上或当地的美容用品商店都可以买到。它的一端有一个大轮，可用于按摩前额、脸颊、下颌和颈部；另一端有一个小轮，便于在眼部和鼻周按摩使用。

无论是早上护肤还是晚上护肤，最后一步的滚轮按摩都对面部皮肤有极大的帮助。它有助于皮肤对护肤品的吸收，令白天的妆容持久，又能促进夜间皮肤深层保湿修复。用滚轮按摩面部是结束忙碌一天的舒缓方式，有助于缓解面部紧张，消除浮肿，促进淋巴代谢和排毒，还有利于颧骨和下巴轮廓的塑形，调理鼻窦，对抗衰老，减少黑眼圈。

面部滚轮按摩

第一步：用面部滚轮按摩器的大轮，从下巴开始，沿着下颌线向上滚动到耳朵。两侧各做10次。

第二步：用面部滚轮按摩器的大轮，从鼻翼开始，向外滚动到耳朵。两侧各做10次。

第三步：用面部滚轮按摩器的小轮，闭上眼睛，从内眼角开始，轻轻滚动到外眼角至太阳穴处。两侧各做10次。

第四步：用面部滚轮按摩器的大轮，从眉心开始，向外滚动到太阳穴处。两侧各做10次。

第五步：用面部滚轮按摩器的大轮，从眉毛向上滚动至发际线。重复按摩5次。

第六步：用面部滚轮按摩器的大轮，从前额中间开始，向外滚动到太阳穴处。两侧各做5次。

第七步：用面部滚轮按摩器的小轮，从眼睛下面开始，沿着鼻翼两侧向下滚动。两侧各做5次。

第八步：用面部滚轮按摩器的大轮，从下巴开始，沿着下颌骨滚动至耳朵。两侧各做5次。

第九步：用面部滚轮按摩器的大轮，沿下颌线轻柔地向下滚动到颈部。两侧各做10次，有利于淋巴排毒。

保持头发的健康强韧

常规的头发护理并不复杂，只需要关注两件事：头皮护理和头发养护。要做到这两点，只需在标准洗发和护发程序上额外增加90秒。

头皮护理

保持头皮健康有助于头发生长，减少头皮因干燥而剥落，控制油脂分泌，防止发丝断裂，减少脱发和头皮过敏。

尽量将洗发次数限制在每周2~3次，这样依靠分泌的天然油脂，可以保持头皮健康。每周增加一次去死皮的步骤来刺激头皮，清除堆积的头皮屑，让新生的头发在健康的环境中生长。

这里有两种去死皮的方法。

使用硅胶洗头刷。可以在网上或美容用品商店购买这种洗头刷。它价格不贵，能让日常洗发、护发的过程更加舒适。像平常一样洗发，用夹在手指间的洗头刷代替手指，把洗发水梳到头皮上。这种洗头刷使用方便，有助于修复头皮和清理污垢。

使用简单的去角质磨砂膏。将天然蔗糖和护发素按1:3的比例混合，再加入几滴茶树油。用温水把头发淋湿，然后用手指把磨砂膏涂抹到头皮上，给自己做一个舒缓的按摩。之后将头发彻底冲洗干净，再进行常规的洗发和护发程序即可。

头发养护

购买适合自己发质的洗发水和护发素。尽量选择低敏性和无香型的组合，以避免刺激。可能需要尝试几种不同的洗发水和护发素，直到找到自己喜欢的组合。享受这段愉快的经历吧，因为你在关爱自己，给自己的头发寻找需要并合适的洗护产品。

如果经常通过吹干、拉直或染烫的方式来"加热"头发，应该特别注意给头发补水。只需在洗护产品中添加摩洛哥坚果油，便可以修护受损的发丝。摩洛哥坚果油是一种轻量油，不会影响发量，有很多好处，包括：

- 滋润保湿头发
- 促进头发生长
- 防止头发分叉
- 减少头发打结
- 增加头发光泽

在手掌中滴几滴摩洛哥坚果油，双手揉搓后，均匀地涂抹在头发上，避开发根，因为头皮会自然分泌油脂。

精油的使用

精油的使用是自我疗愈必不可少的一部分。精油可以用于很多方面：芳香疗法、按摩、洗浴、皮肤保湿和修护角质，也可以用精油给房间增香。

以下是一些发挥精油神奇功效的快速指南，以及如何将其融入日常美容和生活的建议。

薰衣草精油：如果是精油界的新手，薰衣草精油是你应该放进精油箱的第一支精油。它能缓解很多精神问题，比如焦虑，还能安眠，帮助你更快入睡，睡得更久。试着在枕头上滴几滴薰衣草精油，这样可以睡得更香。混合橄榄皂和薰衣草精油，还可以去除化妆刷上的污垢。

茶树精油：这种精油功效很强，应该用基础油稀释之后再涂在皮肤上。可以选择杏仁油或椰子油作为基础油，茶树精油和基础油的比例通常是1:10。这种混合后的护肤油能帮助肌肤平衡油脂，防止干燥，舒缓头皮，对抗痤疮。可将茶树精油和基础油的混合液用于皮肤护理或深层头皮保养，保持10~30分钟后洗净。

荷荷巴油：它适用于所有皮肤类型，并能渗透到皮肤深层。可以在皮肤护理过程中使用荷荷巴油进行深度补水或卸妆，也可在洗发前使用，对头发进行深层护理，还可以用来滋润手指干燥的角质层和甲床。

芳香沐浴

你值得被宠爱，这种美妙的沐浴正是体现自我疗愈的不二之选。可以选择一个特殊的时间，也可以在任何需要放松和为自己充电的时刻，用芳香沐浴来放松犒赏自己。

营造一次芳香沐浴，你需要：

• 精油

• 香薰蜡烛

• 舒缓的音乐

• 鲜花和花瓣

• 水晶

• 芳香泡泡浴

• 沐浴气泡弹

• 热油护发

• 面膜

• 自制浴盐

想象自己在一个洒满花瓣的温暖浴缸里，四周环绕着香薰蜡烛和水晶。伴着舒缓的音乐，闻着喜欢的香薰味道，紧绷的肌肉与神经立刻放松下来，这就是芳香沐浴！

让这个梦想成真吧，你可以先从简单的自制浴盐开始。

配方

自制浴盐

你需要

带盖的玻璃瓶

配料

浴盐

茉莉油

第一步：用浴盐装满玻璃瓶，滴入30滴茉莉油，喜欢的话也可以再多添加一些，盖上盖子后摇匀。

第二步：在浴缸里注满温水，将制好的浴盐放入水中两勺，用手搅动使其溶解。除了缭绕迷人的香气，芳香的浴盐还有助于舒缓肌肉酸痛和清除皮肤角质。

睡 眠

你的睡眠时间充足吗？恐怕大多数人都保证不了充足的睡眠。成年人每晚需要7~9小时的睡眠时间，如果你认为没时间来保证充足的睡眠，以下这些睡眠的好处，可能会激发你优先考虑将睡眠作为一种必要的自我疗愈行为。

睡眠的好处

睡得好的一个明显好处就是感觉休息得很好，然而睡眠还有其他不那么明显的好处，它们应该成为你需要更多睡眠的动力。

- 减少压力，降低抑郁风险

- 提高记忆力，让思维更敏捷

- 让身体有时间进行自我修复

- 有助于减肥

- 有助于心脏健康和预防癌症

光周期和昼夜节律

在白天享受阳光，在夜晚享受黑暗，会对身体机能产生重大影响。白天，阳光会刺激视网膜的特定区域，触发大脑释放血清素，这是一种对抗抑郁、改善情绪的激素。晚上，大脑会在黑暗条件下释放褪黑素，这是一种有助于睡眠的激素。如果时间安排得当，适量的光照和黑暗可以增加快乐，提高睡眠质量。而保持快乐和充分休息是自我疗愈的优先事项。

光照和黑暗的存在有助于形成人体的昼夜节律。昼夜节律是人体24小时的内在生物钟，影响着我们的身体、行为、精神以及日常生活。光照会调整昼夜节律的运行。昼夜节律不仅影响睡眠，也影响身体的激素、温度、

机能、饮食习惯和消化。如果你把自己想象成一辆汽车，日光就是汽车所必需的汽油，以确保汽车正常行驶。

再见，蓝光

如果在睡前几小时接触蓝光，将会扰乱睡眠，不论是电子屏幕的蓝光，还是某些节能照明设备的蓝光，这是因为蓝光会干扰体内褪黑素的分泌。没有足够的褪黑素，就无法得到充分的休息。

可以在睡前几小时放下智能手机、iPad、笔记本电脑等电子设备，佩戴防蓝光眼镜，或者在晚上完全放弃使用电子设备，来减轻蓝光对身体的影响。

昼夜节律睡眠训练

利用一周的时间，借助有光和无光来训练身体形成昼夜节律，可以稳定情绪和改善睡眠问题。

为了进一步加强这个练习，可以创建一个理想的睡眠环境：控制房间的温度，使用舒缓助眠的精油。

第一步：连续7天，如果你想的话，也可以更多天，让闹钟在每天相同的时间叫醒你，包括周末。

第二步：醒来后立即出门晒太阳。面朝太阳并保持舒服的坐姿，睁开双眼但不要直视太阳，手掌向上，保持这个姿势均匀缓慢地呼吸10分钟。当身体吸收阳光并向大脑发出白天的信号时，新的一天就开始了。这时候大脑会释放血清素，增加幸福感和能量，开启一天的新生活。

第三步：连续7天甚至7天以上，保持同样的就寝时间。将闹钟设置在睡前3小时，提醒自己关掉所有的蓝光设备。

第四步：将所有电子屏幕关闭，确保卧室的灯光已经调暗，也可以在夜晚使用低亮度的灯。如果不能完全避开电子屏幕，那就使用防蓝光屏，戴上防蓝光眼镜，或在手机上下载一个应用程序来阻挡蓝光。

第五步：在经过一周的训练后，你会注意到自己睡得更香了，醒来时情绪更稳定，注意力更集中，精力更充沛。

促进睡眠的建议

有很多方法可以改善睡眠，创造理想的睡眠环境，使你拥有一个舒适放松的夜晚。

• 温度：睡眠的理想温度在16～20摄氏度之间，确保睡眠环境满足这样的温度

• 光线：任何外部光源都可能会干扰自然睡眠周期，所以睡觉时要防止外部光线进入卧室

• 声音：如果身旁有打鼾的人，或者周围有吵闹的邻居，都将影响睡眠，想办法限制这种噪声，耳塞是选择之一

• 体能活动：白天身体得到充分的运动，更有利于晚上的睡眠

• 睡眠时间表：每天在相同时间起床和入睡（包括周末），有助于形成身体的生物钟，从而获得更舒适的睡眠

• 枕头和床上用品：每10年更换一次床垫。使用舒适、无致敏原的枕头和床上用品

• 精油：使用舒缓助眠的精油，如薰衣草和佛手柑会向大脑发出放松的信号

• 卧室：卧室是用来睡觉的，请将所有电子设备从卧室拿走，避免在床上工作，让卧室和放松联系起来

• 放松：养成在晚上提醒自己的身体放松下来，并准备休息的习惯

• 饮食：睡前避免咖啡因、酒精和食物，尤其是糖类，这类饮食会干扰你平静的睡眠

打造睡眠空间

这个循序渐进的练习将上述建议整合成一个可行的计划。用几个小时，花点心思选购一些有利于创造出舒适的睡眠环境的好物，然后建立属于自己的睡眠空间，以下是一些可供参考的做法。

第一步：购买品质优良、舒适的床上用品。选购合适的枕头来支撑颈部和头部，选择软硬适中的床垫来保护背部。

第二步：通过风扇或空调来保持房间的凉爽和温度的适宜。

第三步：为每扇窗户安装遮光窗帘。

第四步：将所有电子设备以及与工作有关的东西从卧室拿走。

第五步：使用白噪声睡眠仪屏蔽噪声。

第六步：每晚在卧室里点一支薰衣草味道的香薰蜡烛或使用薰衣草精油。

第七步：为卧室灯配置一个调光器，或安装可调光的台灯，有利于入睡前为自己打造一个宁静放松的环境。

第八步：开始好好睡一觉吧。

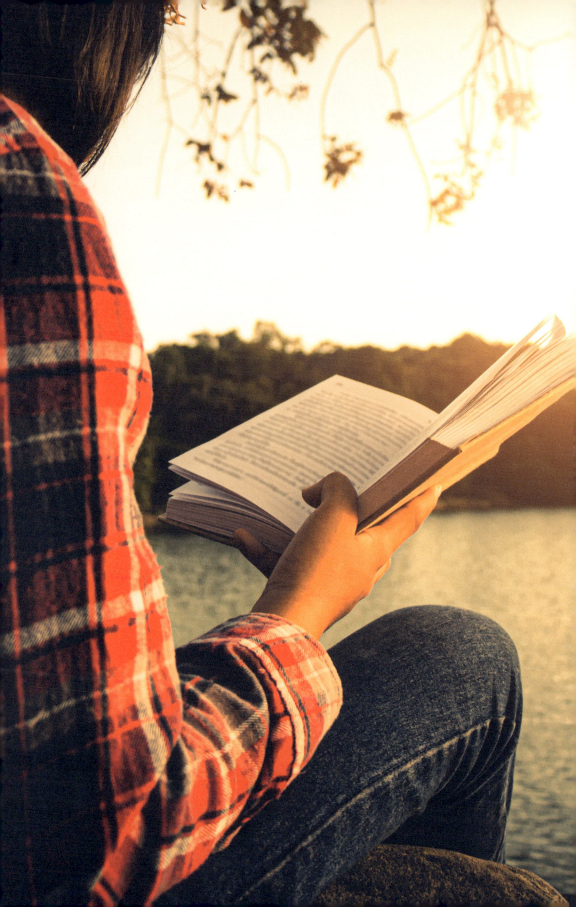

2

智力的自我疗愈

"想象力比知识更重要。"

——爱因斯坦

创造力

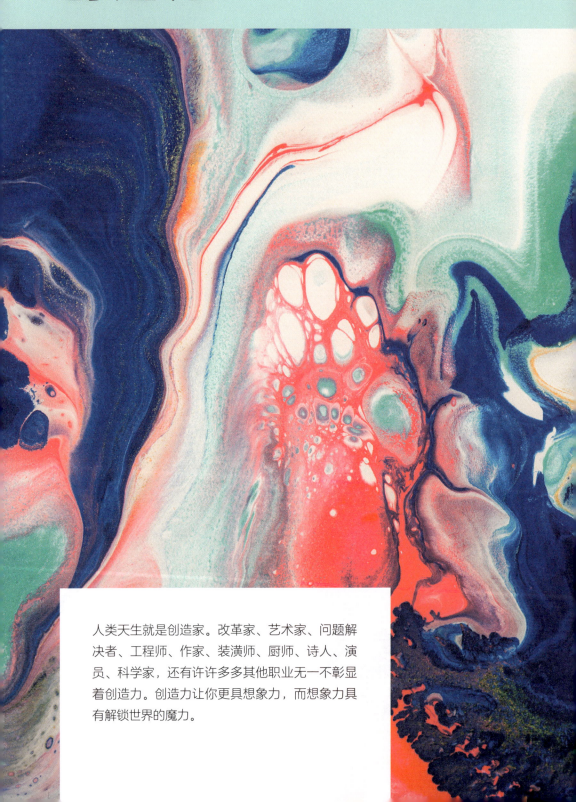

人类天生就是创造家。改革家、艺术家、问题解决者、工程师、作家、装潢师、厨师、诗人、演员、科学家，还有许许多多其他职业无一不彰显着创造力。创造力让你更具想象力，而想象力具有解锁世界的魔力。

每个人都是艺术家

成为一名艺术家与创作的作品"好"或"坏"没有任何关系，艺术就是艺术。

孩童时期的你可能会在手指画中自得其乐，无论作品是否真的好看，都不会影响创作过程本身带来的享受。你可能会像个孩子一样涂鸦，并从中找到乐趣，即便那些颜色涂出了边界。

为了唤醒内心潜在的艺术特质，你需要消除对结果的执着。不必担心最终作品是否成功，作为一个艺术家，真正的快乐在于创作的过程，而非最终的结果。无须"擅长"创作，你就能重获孩提时代所依赖的自由想象力。

绘画101

先做好准备。如果需要一个绘画的起点，那么就按照以下步骤开始吧。

• 准备一些空白的画布或较厚的画纸，可以在网上或当地的绘画材料商店买到

• 使用丙烯颜料的红、黄、蓝三原色，以及黑色和白色。这种颜料也可以在网上或当地的绘画材料商店找到。丙烯绘画是很好的开始，因为这种颜料容易调和，颜色饱满鲜润，而且干燥速度相对较快。红、黄、蓝颜料分别调和可以变成很多种其他颜色，加入白色能使颜色变浅，黑色则可以创造出深度、线条和阴影

• 准备一个调色盘，用来调和各种颜色，调配不同的色调

• 准备一些好用的画笔。目前只需要两支画笔，一支大号画笔和一支小号画笔。更高级的画笔可以后再准备

• 摆好画架。可根据绘画习惯选择是否需要画架

• 装满清水的容器。用于涮笔，清洗颜色

做好准备工作以后，要找到能真正激发灵感的物体、想法、颜色和图像。世界上有无数种美，而你能够将这些美转化成艺术。如果不确定从哪里开始，或找不到第一个灵感，可以尝试以下三种绘画形式。

自由画：这种类型的绘画要求忽略最终的作品，而去尽情享受创作过程本身。可以混合各种颜料，直到调和出喜欢的颜色。在画布上自由地挥洒创作，无须在意最终成品是什么样。全然享受创作的过程，让创造力尽情发挥，权且把它当成你的抽象艺术。

风景画：想象一处简单而平静的风景。也许是明亮蓝天下的一片田野，或是夕阳下的山脉，抑或是山坡上的一棵树。在脑海中想象这辽阔的景色，然后试着用颜料表现出想象中的色彩。从简单的线条开始，花点时间调整画面，并享受心中的美景变成现实的美好。

花瓶画：这个练习最棒的是先要给自己买花！接下来把花插进花瓶，安坐下来，用心观察。尽量使花瓶的形状、花朵的颜色与实物保持相同，注意你的眼睛是如何观察花瓶的，你的大脑是如何传达颜色和形状的，你的想象力是如何淋漓尽致地展开的，你的手又是如何让画作栩栩如生的。

什么是愿景板

愿景板是将生活中的梦想、希望和目标的可视化展示。它是一个强大的工具，可以帮助描绘自己渴望的生活，帮助你集中精力积极地去实现愿望。

愿景板会让你获益匪浅。正因如此，应该把愿景板放在每天都能看到的地方。当感到失落困惑，对生活失去方向，或者陷入一成不变的僵局时，可以看看愿景板，来激发你的乐观情绪，提醒你渴望从生活中得到什么。当感到快乐、自信、备受鼓舞时，也可以看看愿景板，思考如何利用正能量，让自己离梦想的生活更近一步。

练习

创建愿景板

创建愿景板是项有趣的消遣，可以让创造力帮助并提醒自己，正在努力向理想的生活迈进。通过以下几种方式可以让创建愿景板成为自我疗愈的一部分：它能发掘你的童心、创造力和游戏感，也是一种激励工具。

你需要

能令你感到鼓舞的音乐

白板或用于制作海报的画纸

剪刀

若干杂志

磁吸扣或胶棒

第一步：将所有材料放在工作台上。

第二步：播放鼓舞人心的音乐，闭上眼睛静坐5分钟。在这5分钟里，想象那些会带来最大快乐的事情，要带有生动的细节。想象一下每天的日常生活，事业、爱情、社交，甚至衣橱，每件事都具体到最微小的细节，比如你最喜欢的早餐。

第三步：睁开双眼，开始翻阅杂志。剪下与想象中的样子吻合的图片和文字。如果注意力不够集中，闭上眼睛再想象5分钟，或者离开，去锻炼1小时，然后回来继续做。

第四步：将剪下的图片和文字用磁吸扣固定在白板上，或用胶棒粘在画纸上。

第五步：将粘贴好图片和文字的白板或海报放置在合适的地方，让自己每天都能看见。

第六步：每天早上看看愿景板，提醒自己有很多事情要做，为新的一天设定目标，并对此充满希望。愿景板是实现你所期待的生活的关键。

音乐

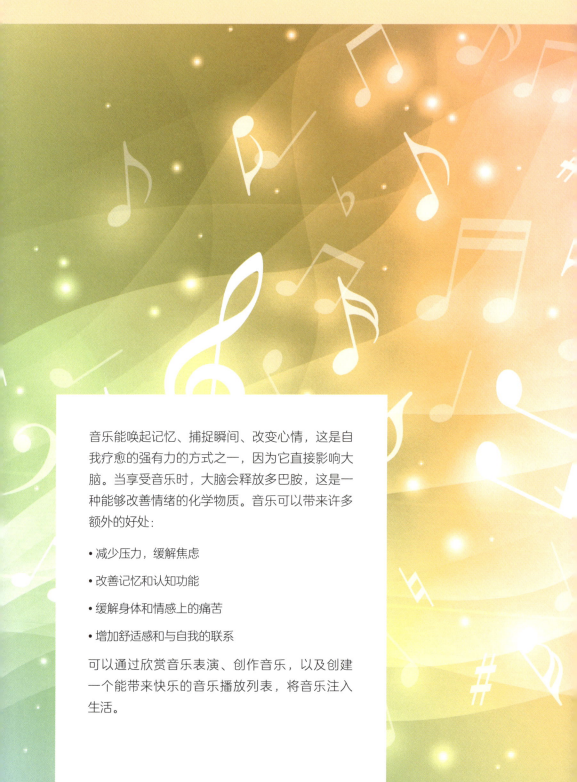

音乐能唤起记忆、捕捉瞬间、改变心情，这是自我疗愈的强有力的方式之一，因为它直接影响大脑。当享受音乐时，大脑会释放多巴胺，这是一种能够改善情绪的化学物质。音乐可以带来许多额外的好处：

• 减少压力，缓解焦虑

• 改善记忆和认知功能

• 缓解身体和情感上的痛苦

• 增加舒适感和与自我的联系

可以通过欣赏音乐表演、创作音乐，以及创建一个能带来快乐的音乐播放列表，将音乐注入生活。

简单的乐器

不一定非要有音乐天赋才能创作音乐，从下列任何一种简单的乐器开始，以自己的节奏学习和演奏乐器，享受与乐器的互动体验，并找出喜欢的乐器类型。

尤克里里：吉他有6根弦，掌握它需要较长时间。而尤克里里只有4根弦，这就减少了学习和弦的时间，从而可以用相对较少的时间达成演奏简单歌曲的目的。尤克里里是一种价格相对便宜的小型乐器，不会占用家里很多空间。

邦戈鼓：这是一种成对使用的小型鼓，可抱在身上或夹在腿上进行演奏，音色极具穿透力。可以尝试用手的不同部位、不同力度和节奏敲击鼓面不同的位置，演奏出不同的鼓点。

钟琴：这种小型乐器看起来像一个微型木琴，配有小巧的金属棒，敲击时会发出悦耳的声音。它很适合放在家里，甚至可以轻易地把它放在抽屉里或架子上，也无须任何正规训练就能演奏。

口琴：这种乐器价格便宜并方便携带，可以随时演奏。以左手虎口夹住琴身中央，其余四指并拢。右手以拇指和食指捻住右侧琴缘，两掌心相呼应，让两手腕关节可以自由左右横移。用不同的力度吹口琴，让口唇从一边滑到另一边，找到不同的音阶，通过控制气流来发出乐音。

快乐的音乐播放列表

快乐的音乐播放列表就像听起来那样，是一个能让人感到快乐的音乐播放列表。花点时间创建和整理这个播放列表是自我疗愈的一个很好的练习。

可以在任何时间、任何地点打开快乐的音乐播放列表，无论是在车上，还是在家里，抑或是在户外。还可以用音响设备和朋友分享你的快乐音乐。开心时，这些快乐的音乐会让你更加开心；难过时，这些快乐的音乐会唤醒大脑中的快乐时光，从而让心情变好。当需要振奋精神时，这个音乐播放列表就是你的加油站。

创建快乐的音乐播放列表

第一步：头脑风暴。拿着纸笔坐下来，在记忆中搜寻一些让你快乐的歌曲。这些歌曲应该能立刻提升情绪，让你产生共鸣并情不自禁地哼唱和起舞，把歌名记下来。

第二步：浏览音乐收藏夹，找到让你快乐的歌曲，把它们添加到第一步的歌单中。现在的音乐大多是数字音乐，可以储存在手机里、电脑上和其他音乐平台上，比如QQ音乐、酷狗音乐或苹果音乐，从中找到让你感觉快乐的音乐。

第三步：留意平时生活中听到的音乐，比如车载广播中让你感觉良好的音乐，把它们也添加到歌单中。

第四步：根据歌单创建一个音乐播放列表，将它命名为"快乐"。

第五步：根据喜好排列播放列表中音乐的顺序，现在你就拥有了快乐的音乐！

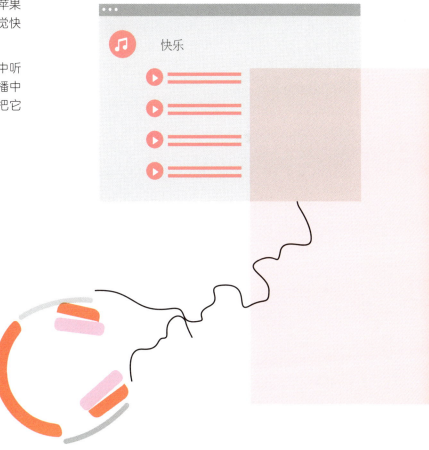

写作

文字是如此重要，它不仅是人们彼此交流的方式，更是与自己交流的方式。写作可以探究自己的思想，发现并释放内心的恐惧，放飞梦想。当把想法写在纸上时，就给了你更充分了解自己的空间，从而有机会过上真正想要的生活。

清晨写作：
用5分钟缓解焦虑

每天早上留出5分钟，通过写作与自己交流，这是开启美好一天最重要的事情之一。如果连这5分钟时间都没有，那就把闹钟调早5分钟。如果使用得当，这额外的5分钟将对接下来的一整天产生巨大作用。

如果想将清晨写作培养成一种日常习惯，以下练习可以帮助你将注意力集中在写作上，减少焦虑并增加快乐。它是如何实现的呢？清晨写作会让你认识到自己的痛点，从而摆脱它。清晨写作可以赋予你新的一天清晰而可实现的目标，帮助调控情绪，并将你带入一个充满感恩、想象和希望的空间。这种练习非常有效，仿佛服用了一个可以改善情绪的神奇药丸。

清晨写作

你需要

一支喜欢的笔

一张白纸

第一步：在纸面顶部写上日期和星期作为标题（例如，2023年7月13日，星期四）。

第二步：在纸上写下这几个部分——想法、待办事项、计划、感恩和梦想，每个部分后面留有空行。按照自己的意愿在纸上任意排列这几个部分。

第三步：在待办事项的标题下，做6个勾选框，在勾选框的旁边留出书写的空间。

第四步：在感恩和梦想的标题下，用列表的形式写出从1~3的数字。

第五步：充分发挥创意来设计页面，也可以参考下页的版面样式。

2023年7月13日 星期四

想法：

待办事项：

☐ ＿＿＿＿＿＿＿　　☐ ＿＿＿＿＿＿＿

☐ ＿＿＿＿＿＿＿　　☐ ＿＿＿＿＿＿＿

☐ ＿＿＿＿＿＿＿　　☐ ＿＿＿＿＿＿＿

计划：

感恩：　　　　　　梦想：

1.　　　　　　　　1.

2.　　　　　　　　2.

3.　　　　　　　　3.

第六步：写作的页面已经准备好了，是时候填写每个部分了。

想法：可以自由书写。你可能发现清晨醒来对新的一天感到焦虑和疲惫，也许很兴奋，抑或有点迷茫，都可以把它们写出来。老实说，写出来的想法并不需要言之有物，重点是让想法从大脑转移到纸面上，为想要放进大脑的积极想法腾出空间。

待办事项：写下不超过6个当天要完成的目标。它们可大可小，可以很重要，也可以微不足道，但都应该能在一天内完成。可以写下任何内容，比如"吃一顿营养均衡的早餐""完成工作报告""花30分钟泡个泡泡浴"等。记录下当天的目标是很重要的，每次完成任务时都可以庆祝一下。站起来为自己鼓个掌，在房间里跳支舞或挥臂庆祝，就好像你是最厉害的啦啦队长。无论胜利是大是小，它都是值得庆祝的，这样做可以训练你的积极意识。

计划：写下今天想要成为的人。比如"我是一个有耐心、有爱心、积极的倾听者""我是一束明亮的光""我强大而自信，会以身作则帮助引领他人"。在这里写下的应该反映出你最好的一面，当将它写下来时，就是一种对自己精神上的承诺。在这一天中要牢记自己的计划，以此为重心，专注于你想要成为的样子。

感恩：详细写下3件让你感恩的事情。感恩无分大小，因为感激之情会让微不足道的事情变得有分量。可以试着这样写："即便是在凌晨3点，我最好的朋友也会接我的电话""我的居所坚固又安全""我拥有健康的指甲""我拥有阳光，干净的水和自由"。再强调一下，无论写的是什么，都必须是真实的。如果能在写完感恩清单后大声念出来，那就更好了。

梦想：这是一个非常需要具体书写的部分。准确写下你的向往、愿望和你期待的未来。可以写下梦寐以求的卧室的细节、梦中情人、理想的工作，甚至是世界和平或平等自由。不管它是什么，思考并将其记录下来，然后看着它变成现实。

第七步：把这个清单放在经常能看到的地方。可以放在记事本中，或者拍成照片设为手机壁纸，还可以贴在冰箱或者白板上。这样在一天的熙攘和忙碌中，随时都可以看到它，并想起自己在写下它时是多么的感恩、清醒、平和。

第八步：坚持清晨写作，感受更快乐、更有效、更有意义的生活。

感恩日志

有时很难发觉生活中的美好，尤其是当压力、疲惫和感情伤痛袭来时。采取一种感恩的态度，正是你能为自己建设良好心态所做的事情。学会对细微小事心存感激，是通往幸福生活的捷径之一。

在这些痛苦时刻，列出一份感恩清单对你来说尤为重要。可以反复阅读这些值得被感激的事情，它提醒你世间依然有美好事物的存在——即使你暂时被糟糕的事情蒙蔽了双眼。

现在就开始着手写感恩日志是一种奇妙的方式，它能让你总有东西可读，而且是一本由自己创作的、能让精神振奋的书。

我的感恩日志

练习

写感恩日志

你需要

活页笔记本

喜欢的笔

第一步：把活页笔记本放在床边。

第二步：入睡前打开活页笔记本，在第一页的第一行写下"1"，然后在数字后面写上你所感恩的事情。

第三步：坚持每晚依次编号，增加感恩事项。例如，第二晚，在第一项的下一行写下"2"，在数字"2"之后写下你所感恩的事情。

第四步：坚持不断地练习记录，每当感到痛苦时，打开看看感恩日志中的清单，以此来提醒你生活中已经拥有的美好事物。

第五步：当一年结束时，你将拥有一本记录365件让你难以置信的、值得感恩的事情的日志。

给自己写信

生活在对过去的遗憾、猜测、失去、悲伤和痛苦的回忆中，会让人感到沮丧。生活在对未来的恐惧、困惑、期待、未知和不知所措中，会让人感到焦虑。而活在当下能增强你的认知、感激和自爱，这些都是自我疗愈的组成部分。练习给自己写信，可以作为一种清理内在障碍、为爱让路的方法。

练习

给过去的自己写信

你需要

喜欢的笔

白纸

找一个安静的地方坐下来，闭上眼睛，慢慢呼吸一分钟，集中注意力。然后给自己写一封信，写一些过去发生的事情，这可能会需要一点时间。在这个过程中对自己要温柔且有耐心，可以写过去经受的伤害，或经历过的失去，写下需要自我原谅的事情，或站在现在的角度给年轻时的自己一些建议。没有规定必须写什么，唯一的要点是写过去发生的事情。

如果发现这种写作练习让你心情疲惫，这是正常的。有时，自我疗愈包括承认痛苦的时刻，这样才能完全释放痛苦。

当写完信后闭上眼睛，确认自己的内心已经准备好对过去那些不愉快、不健康的生活方式或挥之不去的消极情绪说再见，那就让它们随风而逝吧。将这些文字撕碎，告诉自己内心的痛苦也随之瓦解，现在的你已经放下过去，只活在当下。

给未来的自己写信

你需要

喜欢的笔

黑色马克笔

白纸

有盖子/软木塞的玻璃瓶

铲子

在没有任何外部干扰的情况下，拿起喜欢的笔给自己写一封信，写你的希望、梦想甚至内心的恐惧。唯一的要点就是写的所有东西应该是关于未来的——这封信中不应该有任何已经实现的东西。写作要坦诚和公开，允许自己自由地探索梦想或恐惧。

写完后用黑色马克笔一一划掉写下的恐惧，这会向大脑发出一个信号：这些恐惧已经消失了，现在你只为实现梦想而努力。把信卷起来放进玻璃瓶，挖个洞将它埋起来，告诉自己，你将永远忘记恐惧，为梦想的成长埋下种子。

给自己的情书

你需要

喜欢的笔

白纸

合适的相框

给自己写一封热情洋溢的情书，赞美自己，就如同你是自己生命中唯一的真爱一样。关注那些在身体上、精神上、情感上让你变得美丽的事物，例如独特的品质、显著的个人特征，或你真正喜爱自己的原因。写完后用相框把这封情书装裱起来，每天读一读并以此作为行为准则，直到真正实现这些美好的特质，成为让自己喜爱的人。

提示日志

在无法摆脱自我困扰的日子里，翻开记事本，拿起笔写下对这些问题的回答。用这些问题激发写作能力的同时，也释放了自我。

这些问答是有效的，它们会将你的思维转移到写作和期待上，会使你心存感恩和乐观，也会引领你消除自我限制的想法。这种思维转移的训练做得越多，就越容易控制情绪。

下面的10条提示有助于你摆脱困扰。

你的完美一天是怎样度过的？将这一天从早到晚详细地描述出来。

为你最喜欢的人写一篇颂词，假设这篇颂词会在为他/她举行的颁奖典礼上被大声朗读。

如果有个精灵能满足你3个愿望，你会许下什么愿望？你为什么要实现这3个愿望？

如果你赢得了1亿元人民币，需要在7天内花光，把在这7天内要做的事情写下来。

敲门声响了——这是一个建造梦想房子的真人秀节目！节目组需要知道你希望将房子建在哪里，它看起来是什么样子？你会怎么说？

如果你有10分钟的时间会见国家最高领导人，你所说的话将对他和历史进程产生极大影响，你会说什么呢？

如果你可以和任何人共进晚餐，无论这个人是否健在，你会选择谁？你们会吃什么？会谈论什么？

如果你有一台只能用一次的时光机，你会选择到什么时间点？为什么？

如果可以回到童年，你会选择回到几岁？为什么？你会给当初的自己什么建议？

如果你100岁去世，你希望讣告上怎么写？

明确生活目标

你需要

喜欢的香薰蜡烛

记事本

喜欢的笔

白纸

第一步：找一个平和、舒适、安静的地方，点燃蜡烛，闭上眼睛。慢慢地深呼吸，用鼻子吸气，用嘴巴呼气，持续几分钟，直到达到平静、专注的状态。

第二步：想象一下，每月有50万元直接存入你的银行账户，现在你已有1亿元存款。如此过了10年，你拥有完全的自由，对别人没有内疚、义务和期望，正处在无比幸福快乐的人生阶段。

第三步：打开记事本，写下你期待的未来生活的每个细节。例如：

什么时间醒来？

你的卧室是什么样子的？

起床后第一件事是什么？

你住在哪里？

和谁住在一起？

早餐吃的是什么？

你的头发是如何打理的？

你是如何准备开始新一天的？

回顾这一天中的细节。每个细节都很重要，想得越清楚，写得就越清楚，清晰的思路意味着更清晰的呈现。只有明确自己的期待，才能朝着这个目标坚持不懈地努力奋进。

第四步：当写完对10年后生活的期待后，想象一下那时的你是什么样子的。

第五步：用一些形容词来描述那时的你，例如：

自信吗？

常常微笑吗？

乐于助人吗？

善良吗？

专注吗？

第六步：在纸上写下对自己的描述。

第七步：把这张纸贴在镜子上，每天早上读一读，并以此作为行为准绳。

第八步：并不是梦想的生活让你成为一个了不起的人，而是成为一个了不起的人，才让你梦想的生活成为现实。

第九步：从今天开始呈现梦想的自我的样子，并期待梦想中越来越快乐的生活迅速到来。

阅读

如果你认为阅读只是一种爱好、消遣，或者可有可无的活动，那么你的大脑比你的身体更需要锻炼。阅读具备许多有价值的好处：

- 缓解压力

- 增加智慧和知识

- 扩大词汇量，有助于表达

- 增加自信

- 提高记忆力，有助于对抗阿尔茨海默病

- 提高和集中注意力

- 提供娱乐，提高洞察力

在日常生活中，可能会接触到相似的人、相似的模式和相似的经历。当阅读别人的作品时，无论它是虚构的，还是真实的，都会立即进入别人的精神世界，感受他/她的思想、观点和感知。从这个意义上说，阅读能够开阔思维，拓展世界观并汲取智慧，是认真进行自我疗愈的有效方法之一。每天花10分钟阅读别人写的东西，可以在思维中建立新的联系，促进神经可塑性，这是在生活中不可缺少的思维转换、改变和成长的能力。你可以自主决定这种脑力锻炼的难易程度，可以像写一篇科技论文般严谨复杂，也可以像海滩漫步般轻松自在。因为我们是以自我疗愈为目的，所以可以关注一些感兴趣的内容。

可聆听的有声读物

科技飞速发展，现在人们可以通各种各样的应用程序下载、聆听有声读物。可以选择付费的应用程序，也可以下载一些免费的应用程序和有声读物。

如果可以有效地利用这些有声读物，就能利用碎片时间通过聆听来持续地"阅读"和学习。你的座驾就变成了移动教室，可以在早晨上班的路上或外出的途中听有声读物。在洗碗、做饭、运动、叠衣服和打扫房间时，用耳机或蓝牙音箱听有声读物，还可以一边散步一边听，同时锻炼体力和脑力。

有助自我疗愈的5本书

市面上有很多纸质书和有声书。这5本关于自助和个人发展的书是很好的起点，可以帮助进一步实现自我疗愈的目标。

《你是个惯犯》（*You are Badass*，作者珍·新赛罗），这本书会让你充满积极向上的精神，感觉自己可以征服世界。就像把教练的激励之词放在口袋里，当需要鼓励或提醒自己已经拥有幸福生活所需要的一切时，读它就好了。

《牧羊少年奇幻之旅》（*The Alchemist*，作者保罗·柯艾略），这本书是必读书目之一，它是一个美丽的寓言故事。讲的是一个牧羊少年梦想去金字塔寻宝，通过一系列神秘的邂逅，克服重重困难，踏上了一段神奇之旅。不同的人对这本书有不同的解读，你会在牧羊少年身上看到自己的某些特质。

《大魔法》（*Big Magic*，作者伊丽莎白·吉尔伯特），这本书会提醒你，无论是否意识到，你都已经是一个创造天才了。作者用积极的语言和现实世界中的例子，将你带入想象中，让创造力来引导你。

《宇宙是你的后盾》（*The Universe Has Your Back*，作者加布里埃尔·伯恩斯坦），这本书就像参加一个周末的静修会，让你充满希望，焕然一新，并确信生活中的每件事都是为了更好而发生。阅读这本书是改变思维方式和学习更多关于显化力量的好方法。

《四个约定》（*The Four Agreements*，作者堂·米格尔·路伊兹），这本书是经典的自助图书之一，有助于清除生活中的心理障碍和自我强加的束缚。这些策略非常有益，并易于应用。

家居环境

有没有注意到在水疗中心会感觉很放松？有没有想过是为什么？

水疗中心往往是一个简洁、精致的小空间，重点是舒适与平和，这样精心的设计和布置是为了唤起一种平静的感觉。

空间可以让人有一种特定的感觉，这证明了自我疗愈不仅仅包括关爱自己，还包括关心周围的环境，这样环境反过来也会照顾你。

家居环境折射出你关爱自己的程度。它是漂亮的、整洁的、有序的，并且充满了喜欢的东西？还是杂乱无章，毫无条理可言？你应该有一个令自己舒适的空间，为自己营造一个这样的空间也是自我疗愈的一部分。

杂乱是如何影响心情的

即使没有来自家居环境的压力，这个世界也已经足够让人不知所措了。虽然无法控制世界，但是可以打理好自己的小家。

整理家居空间会带来很多切实的心理上的好处，包括：

• 决定物品的去留是一个思考的过程，在思考中练习做出判断

• 有序的空间可以减少焦虑，提高效率

• 可以明显看到整理的进展，更有成就感

• 在这个过程中，你会清楚自己拥有什么，而不必重复购买类似的东西

• 让物品整齐有序，再也不必浪费宝贵的时间寻找某个物品

如何保持整洁的家居环境

对家里的每一件物品进行评估。从本质上说，如果一件物品没有用处，未曾被使用，或者没有带来幸福感，那就扔掉它。给自己足够的时间来打扫每一个房间，直到房间里只剩下有实际用途和情感价值的物品。

7种可以捐赠或扔掉的东西：

• 在过去一年未曾穿过的衣服中，如果有仍完好的，就捐了它

• 超过7年的财务文件，粉碎后扔进垃圾桶

• 沾有污渍或有破损的毛巾

• 不舒服的鞋子、椅子、床单等，不舒服的东西没有必要保留

• 冰箱、食品柜以及药箱里过期的食品、药品

• 遗失另一半的物品，例如一只袜子或一只耳环

• 超过一年未使用的物品

打造自己的避风港

想想之前提到的水疗中心的环境，可以把那里的元素引入自己家中。

这里有一个物品清单，可以让家居环境更舒适。

• 挑选带有喜欢的香味的环保蜡烛

• 使用舒适的枕头和靠垫，创造一个舒适的环境

• 利用可调光的照明设备，用以调节空间的情绪

• 准备一个香薰机，与最喜欢的精油搭配使用

• 在家里的穿着以舒适为主，睡袍和拖鞋能令人放松

• 使用空调、风扇或加热器，使环境保持在喜欢的温度

• 将杂物放在置物篮中，得空时把篮子中的东西放回正确的位置

• 购买蓝牙音箱，习惯在家中用音乐调节心情

• 养一些鲜活的植物，有助于清新空气，还能为家里增添自然气息

• 能让人感受宁静和欢乐的艺术品，可以考虑风景或海洋主题的画作

保持童心

许多孩子天生对世界有一种好奇感。他们会为小事而着迷，并沉浸于当下。正是孩子这种与周围世界的奇妙联系，才使童年的感觉如此神奇。通过自我疗愈，即便作为成年人，你也可以重新找回童年的魔力。

其实每个人的心中都有一个长不大的孩子，正视内心保有的童真，重拾儿时的专注与乐趣可以减少焦虑，增强想象力和自我意识，释放创造力，促进更好的睡眠，并有助于为生活注入更多快乐。

唤醒童心

要想唤醒童心，你需要具备以下两种能力：

- 从简单的事物中发现乐趣
- 融入、感受周围的世界

培养对新事物的兴趣

勇于尝试新鲜事物而不在意结果，可以重新唤起人们的兴趣。

人们很难做到只享受过程而不在意结果，通常当你在尝试进行某事或创造某物时，内心的自我否定和完美主义都会跳出来，就像小恶魔一样告诉你"不够好"，从而破坏当下这一时刻。保持童心的美妙之处就在于结果并不重要——重要的是这个过程所带来的快乐。

在培养新兴趣之前，必须把"完美"这个词从你的字典中删除，过分的完美主义和对失败的长期恐惧会成为获得快乐的阻碍。

为了让内心的完美主义小恶魔安静下来，可以试着在生活中做一些不完美的事，要知道，不完美并没有那么可怕。

即使一团糟也不怕。光着脚跑过洒水的草坪，脚上沾满泥土也无所谓；开心地吃一根雪糕，即使它蹭到脸上也不重要。你获得了简单的快乐，即使有一点糟糕也没什么大不了。

愉快地玩耍。上次打球是什么时候？玩耍不是比赛，结果不重要，输赢不重要，快慢也不重要。不管是跑步、跳绳、抓萤火虫，还是荡秋千，你只是为了享受这个过程，让身体愉快地动起来，完美主义靠边站。

现在你已经学会放下内心的完美主义了，可以尝试进入下一个阶段——培养对新事物的兴趣，那将是一种新奇的体验。

这个练习很简单，而且对你来说是独特的新体验。

只有两个必要条件：

• 做从未做过的事情

• 放下你的完美主义

这样就可以开始培养新的兴趣了，不知道从何开始？以下是一些可以尝试的活动。

参加体育比赛　骑自行车　学一门新语言　听场音乐会　尝试新食物

烘焙　看场戏剧　做顿大餐　跳伞　参观国家公园

露营　打场高尔夫球　绘画　去野外游泳　品酒

陶艺　徒步旅行　摄影　打网球　写书

钓鱼　滑冰　跳舞　旅行

园艺　跆拳道　诗歌　尝试新造型

建立与周围环境的联系

以下两件事可以有效地帮助你与周围的环境建立联系，活在当下、积极地认可和感恩。

可以利用感官真正地与周围的环境建立联系。回到五感练习（参考本书第37页），它能很好地把你带回当下。

"你好，月亮！""你好，大树！"年幼的孩子有时会向无生命的物体挥手致意，你也可以这样做。一开始可能看起来很傻，但必须先认可某件事，然后才能感激它。这个练习有助于你去理解周围一切的能量，让你与所在的空间保持联系，并提高自我意识。

养成健康的自我疗愈习惯的方法

发自内心地向周围的事物打招呼。可以像问候朋友一样热情地认识周围的无生命物体。打招呼的方式（无论是自己默念，还是大声地说出来）要与平时打招呼的方式一致。例如，你可以说：

> "嗨，花园里的花儿，见到你们真高兴！"
>
> "你好，天空中的太阳，你过得怎么样？"

个性化身边的每一件物品，有助于增强自我意识，感知周围的物理环境，从而加强情绪状态的稳定性。

效率

你是否希望每天能有更多的自由时间，是否觉得自己已经忙得不可开交了？也许你希望生活能慢下来，但你知道这并不可能，这种忙乱的感觉让你不知所措。幸运的是，你可以掌握一项帮助你在一天中腾出时间的技能。

时间管理

时间管理的目的是效率。学习如何按照自己的节奏来有效地完成一天的工作，使效率最大化，从而节省时间去做一些让自己快乐的事。

提高效率的关键是了解人类大脑是如何工作的，确定能量起伏的节奏，并合理安排好时间。

多任务处理的误区

有些人可能会吹嘘自己是多任务处理大师——也许你也是这么认为的。但在现实中，多任务处理是不可能的，因为人类的大脑一次只能专注于一件事。当声称自己在一心多用时，所经历的其实是大脑在快速地从一个领域切换到另一个领域。这是对宝贵脑力的浪费，并被证明是一种低效率的工作方式。

事实上，多任务处理会让大脑表现不佳。每个任务不管有多小，比如回复一条短信，当你完成这项任务时，大脑中会释放多巴胺这种奖励激素。这种对"快乐"的强烈渴望，驱动大脑从一个小任务跳到另一个小任务，只是为了获取更多的多巴胺。你应该与这种倾向做斗争，将在多任务处理时被浪费掉的时间高效地用于一项任务，以获得更大的奖励。

多任务处理的坏处

• 导致精神疲惫，失去可用在喜欢的事情上的宝贵精力

• 降低工作质量，让效率变低

• 通过促进压力激素皮质醇的产生提高压力水平

• 降低40%的工作效率

通过以下方法避免同时处理多项任务

• 一次只做一件事

• 关掉手机和邮箱，只在预定时间查看它们

一天中的能量有所起伏是很正常的，要想提高效率，你需要与自己的能量节奏保持同步。这个简单的一周练习，会让你更了解自己，并知道如何安排自己的一天。

你需要

笔记本

一支笔

一个手表

使用方法

第一步：每天从醒来开始，每小时给自己的能量水平打分。1分表示能量很低，感觉懒洋洋的，想打个盹儿。5分表示能量非常充沛，注意力集中，效率很高。将这些记在笔记本上。当一天结束时，笔记本上的这一页可能看起来像右图这样。

第二步：每天都在笔记本新的一页上重复这些步骤。

星 期 一

6:00 - 3

7:00 - 5

8:00 - 5

9:00 - 5

10:00 - 4

11:00 - 4

12:00 - 3

13:00 - 2

14:00 - 1

15:00 - 2

16:00 - 3

17:00 - 4

18:00 - 5

19:00 - 4

20:00 -3

21:00 - 2

22:00 - 1

第三步：可以利用周末，在记录表中摸索自身能量的起伏模式。或许你的能量在上午7~11点是高峰期，在下午5~7点也是高峰期。或许发现自己上午精力充沛，而下午就能量耗尽了。还可能会发现自己是个夜猫子，在晚上精力旺盛。能量的爆发时间没有正确和错误之分——重要的是找到自己能量起伏变化的节奏。

第四步：在日记中写下自己能量最高和最低的时间。

第五步：在精力充沛时安排一些重要任务，在精力不足时安排一些不那么紧急的事或用来放松，以此来有效分配一天的时间。

时间保护：让一天最大化

既然已经明确了自己的能量节奏，就可以根据任务等级或难易程度来合理安排时间：在能量充沛时，做优先级高的和需要投入更多精力的任务；在精力不足时，完成优先级低的或相对容易的任务。通过这样做，就可以创建一个有效的时间管理系统，它与你的能量节奏配合工作，被称为时间保护。

为了有效地划分时间，你需要考虑时间的完整性。为一项任务留出一定的时间，并坚持在规定时间内集中精力完成规定的任务。你可以用手机或桌面计时器来计时。桌面计时器类似于魔方，上面的时间被划分为5分钟、15分钟、30分钟和60分钟，这样可以帮助你在精神上把一项任务变成一种争分夺秒的游戏。

如何安排时间

你需要

手机或电脑上的时间计划表（方便每小时查看）

或者也可以选择记事本和笔

一个桌面计时器（可以在网店购买）或手机上的计时器

第一步：列出一天要完成的事情。

第二步：现在根据优先等级重新排列任务，列表上的第一项应该是最重要的。

第三步：在任务名称旁边写下完成任务所需的预计时间（5分钟、15分钟、30分钟、60分钟）。如果一项任务预计需要150分钟才能完成，那就把它拆分成几个部分，例如2个60分钟和1个30分钟，或者5个30分钟。

第四步：在一天的日程中把重要的事情安排在精力充沛的时间段。把其余任务按照优先等级分配在其他时间，确保任务的优先等级和你的能量水平相匹配。在任务之间给自己留一点缓冲时间，休息5分钟。

第五步：现在开始一天的工作吧！关掉手机和邮件通知，排除所有干扰，执行第一项任务。在计时器上设置完成这项任务所需的预计时间。

第六步：认真努力地工作，直到计时器提醒时间到了。

第七步：把计时器调到5分钟。不管你在做什么，停下来休息一下。听首歌、跳支舞、喝点水或者吃点零食。这些活动能让你从工作中解脱出来，让身体动起来。可以提高你的内啡肽水平，从心理上强调了自我庆祝的重要性，并激励大脑保持高效。

第八步：重复执行下一项任务。

第九步：当一天结束时，看看完成了多少工作，并留意自己的整体情绪。

今 天

计划	待办事项
08：00	
09：00	
10：00	
11：00	
12：00	
13：00	
14：00	
15：00	
16：00	
17：00	
18：00	
19：00	

创建自我疗愈的时间表

在繁忙的日子里，也要将自我疗愈放在优先等级。自我疗愈练习能帮助你保持稳定、快乐和平衡，让你的一天更有效率。协调好工作和休息，允许自己有放空的时间，留出娱乐和恢复活力的时间，会令你的生活平衡而快乐。

社交媒体

社交媒体出现至今只有20多年，但它现在已经是日常生活中不可分割的一部分。社交媒体有积极的一面，也有消极的一面。积极的一面是，社交媒体能让你与任何地方的人保持联系，为分享故事和照片提供一个创造性的渠道，也是灵感、动力和信息的来源。消极的一面是，它会增加焦虑，降低自信，让你陷入比较陷阱，加剧抑郁。

从自我疗愈的角度处理社交媒体的关键是积极构建你与社交媒体的关系，让它有益于你，而不是有害于你。

比较陷阱

在社交媒体上很容易看到别人的"生活",并把自己的生活和对方的进行比较。这可能会让你开始对自己的外表、家庭、社交、爱情以及其他各种各样的事情感到不满意。如果开始出现这种情况,你要提醒自己社交媒体只展示了一个高光时刻,你看到的并不是全部,也许那些完美的照片背后也隐藏着不完美。

例如,你认为拥有"完美身材"的女人可能使用修图软件处理了她的照片,因为实际上她并不喜欢自己的身材。拥有"成功事业"的男人可能正遭受着焦虑、疲惫和不堪重负,或者为没有时间陪伴家人倍感压力。

拥有"梦想厨房"的家庭,可能在另一个房间堆了一地玩具,还有一个号哭的婴儿。也许他们因为装修房子而负债累累,或者他们需要父母帮助才能支付装修费用。你永远不可能真正了解别人的故事——所以没有必要拿自己的现实与别人做比较。

诚然,幕后发生的事情并不总是消极的。这些人可能拥有快乐、稳定、平衡的生活——他们也是正常人,因此也并不完美。如果不能真正地享受社交媒体的本质——它仅仅是对别人生活的一瞥,而不断地把自己和别人做比较,以至于感到嫉妒、不安和绝望,那么是时候该自己动手解决问题了。

社交媒体管理

使用社交媒体的最佳方式是与朋友联系，激励他人，同时也被他人激励，发现美和动力。如果精心运用社交媒体里的内容，是可以提升自身情绪的。把社交媒体想象成一座"博物馆"，你关注的任何人都可以在博物馆"展示"他们的"艺术作品"。针对你关注的每个人，问自己以下问题：他们的"艺术作品"里包括你想看到的照片、观点、视频、文字和能量吗？你会允许这种"艺术"进入你的"博物馆"吗？

• 如果答案是肯定的，那就继续关注这个人，和他保持交流，对他提供的美丽和动力心存感激

• 如果答案是否定的，为了你的情绪健康，应该取消关注、屏蔽和审查这些"艺术家"

限制浏览社交媒体的时间

监控社交媒体使用情况的一个好方法是，每天为自己设定明确的使用时间限制。这么做可以有效控制你的社交媒体互动时间，而不是反过来被社交媒体霸占所有时间。

思考一下你对社交媒体需求。对大多数人来说，每天20分钟就足够了。每天早晚分别给自己10分钟时间查看社交媒体，在打开之前设置一个计时器，然后计时器一响就关闭社交媒体。

很快你就可以控制好你与社交媒体之间的关系，这样它就不会占据你的其他时间。

戒掉社交媒体瘾

如果管理社交媒体和限制使用时间仍然不能消除你的嫉妒心、焦虑感、糟糕的自我感觉，或者你认为自己对社交媒体上瘾，那么戒掉社交媒体对你来说是最好的选择。这种改变有助于你重置思维和观点。

当出现以下迹象时，你可能需要戒掉社交媒体：

• 发现自己一个小时内数次查看手机，看看有没有新的帖子，新的点赞或评论

• 看完社交媒体后会感到焦虑，太长时间没看也会感到焦虑

• 在社交媒体上浏览图片和帖子后，感觉更糟

• 发现在社交媒体上浪费了很多宝贵的时间

• 浏览社交媒体后，世界观变得更以自我为中心

• 相信在社交媒体上看到的所有图片都是真实的

"社交媒体排毒"指的是在一段时间内将社交媒体从日常生活中删除。如果真的上瘾了，要彻底戒掉可能太难了。在这种情况下，可以练习逐步远离社交媒体。从开始的几个小时，到逐渐能够一天甚至更长的时间远离社交媒体。

这种上瘾是由多巴胺引起的。你在社交媒体上贴出一张照片，每当收到点赞、消息、评论和任何其他类型的互动时，大脑中的这种奖励激素就会被触发，多巴胺训练大脑对这种互动上瘾。令人震惊的是，大约需要100天，多巴胺才能恢复正常水平。

社交媒体排毒练习

从几个小时不使用社交媒体开始，再将时间逐渐延长到一天、一周，甚至一个月。经过这种排毒练习之后，你可能会决定完全放弃社交媒体，或者发现在停用一段时间后，你对社交媒体有了更健康的理解。

第一步：在一定时间内不看社交媒体。如果你将社交媒体的使用时间限制在一天或更短的时间内，可直接跳转下一步。但如果想在更长的时间内避免接触社交媒体，请将应用程序从手机上删除。

第二步：每次想看社交媒体时，用另一项自我疗愈练习让自己忙起来。可以去散步，和朋友一起做指甲、泡个澡，或尝试本书中的任何自我疗愈练习。

第三步：在每天排毒结束时，写下你停用社交媒体后的感受，以及空闲时做了什么。这将为大脑传达一个积极的信号——减少使用社交媒体对你是有益的。

3

情绪的自我疗愈

"当我们能很好地进行自我调节时，
就能更好地控制我们情感生活的轨迹，
以及基于价值观和目标而产生的行为。"

——艾米·利·梅尔克里

自爱

爱，是我们所有人都在寻找的东西，但围绕着这个概念存在大量的困惑。

我们被爱的概念淹没了，图书、电影、"真人秀"节目、社会压力、媒体、广告——信息来源不胜枚举。我们接收到很多关于爱的信息，它是什么样子、什么感觉，但这些只会给我们带来干扰，令人困惑，妨碍我们找到渴望的那种真爱。

真正重要的爱只有一个定义：你自己定义的爱。要想弄清楚这一点，你需要深入了解自我，并坚持不懈地追求自我。

你爱自己吗？你对自己表现出关心、同情、善良和理解吗？你是否发现自己令人激动、惊讶，迷人？自爱的方式是先爱自己，然后其他的就会随之而来。

自爱听起来可能是一个激进的概念，但事实并非如此。简单来说，就是把你给予他人的爱、关注、情感、宽容、幸福、接纳和快乐先给予自己。

或许你和大多数人一样，还没有完全学会自爱。好消息是，这种自爱是可以习得的。更好的消息是，自爱是自我疗愈的终极形式。

当学会如何自爱时，就会更容易吸引他人的爱进入你的生活。设定清晰的界限，因为你知道自己的价值。爱别人并不是相互依赖，遵循自己的内心做出决定，从而获得内在情绪的稳定。

这种坚定的自爱会渗透到生活的方方面面，相应地带来的结果是，你会像爱自己一样热爱你的生活。

要如何学会自爱呢？本节的练习将帮助你实现永恒的自爱。如果你对自己的爱有所动摇，只要在任何时候重复这些练习，就能重新点燃自爱的火花。

自我肯定

肯定是一种积极的想法或陈述，无论是书面的还是口头的，它挑战自我否定的想法，用积极的思维模式取代消极的思维模式。学会在生活中不断地重复肯定自己的想法，能改善情绪，训练大脑选择积极的想法，而不是消极的想法，增强信心，提升动力。

积极看待自己是自爱的第一步。我们每天都会直接或者下意识地接收无数信息，告诉你还不够好，需要更完美才值得被爱，真爱是属于幸运儿的。这些信息只会助长脑海中的消极声音："你还不够好，不值得被爱。"

为了证明这个观点是错误的，想想这个问题：你生命中所爱的人是完美的吗？不，他们不是，但你仍然爱他们。尽管他们有缺点，但你会欣赏他们身上积极的一面，并更关注这些方面。你应该用同样的方式来爱自己，并关注自己积极的一面。但首先必须控制住脑海中那些认为你不值得被爱的消极声音。

为了消除这种消极的想法，必须用积极的想法取代它，这会训练大脑选择积极的一面，而不是消极的一面。从本质上说，你必须战胜在生活中不知不觉吸收的消极情绪。

那么应该怎么做呢？一个简单的方法就是每天积极地肯定自己。

用积极的肯定取代消极的想法

第一步：确定主要的消极想法。拿一张纸，在纸的中间纵向画一条线，在左边一栏列出不喜欢自己的地方或者你认为需要改变的地方。这部分练习可能会有点痛苦，但有必要确定你的痛点，这样才可以消除它们。

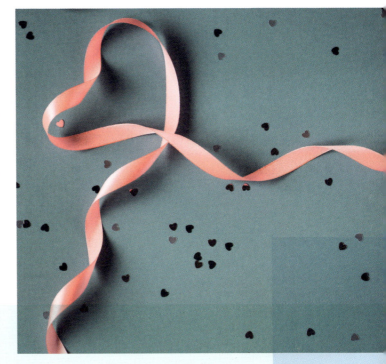

第二步：用积极的肯定取代消极的自我评价。重新思考一下，在右边一栏写下积极的想法来对抗消极的想法。把它想象成一场辩论：你的大脑做出消极的评价，而你要告诉它这是错的。也许有个消极的声音在你的脑海中说："你不值得被重视。"把这句话写在左边，然后在右边写下强有力的反驳。你可以这样写："我聪明能干，我的意见很重要。"也可以这样写："我的思维是独一无二的，我以一种非凡的方式看待世界，我聪明又有价值。"你可以写任何你希望得到的评价，让你感到被爱的话。

第三步：把纸纵向撕成两半，去掉左边一栏。这种仪式感的做法有助于你摆脱笼罩着你的消极情绪，你可以选择扔掉这一半，撕碎、烧毁都可以。这么做是要告诉你的大脑，你将不再容忍消极的想法。

第四步：剩下的都是肯定的评价。下面将对如何运用积极肯定的想法进行详细解释。

如果前面的练习让你觉得气馁，可以试试下面的自我肯定练习。

我是独一无二的、特别的、非凡的

我相信自己可以做出很棒的决定

我强而有力

我美丽、聪明、魅力四射

我的思想是无限的

我有无限能量并能有效运用它们

我拥有无穷的创造力和无数的想法

我健康、能干，过着富足的生活

我值得被爱，能够接受爱，也能够自由地给予爱

我爱自己身体的每一寸，并感激它的存在

爱向我流淌，并浸润身心

我很勇敢，我选择做自己人生的建筑师

我很感激我就是我

我的内心充满爱和善良

我深深地、无条件地、完全地爱着自己

我相信未来充满令人兴奋的机遇和挑战

如何自我肯定

可以通过以下这些做法来完成自我肯定的练习。如果你愿意，也可以只选择其中一种。这些肯定可以来自你的清单，也可以是上页列举出的条目，或者是任何能让你产生共鸣的肯定想法。

讲出来。自信而坚定地大声说出对自己的肯定，每天早晚各5次。

写下来。准备一个记事本，在上面写下对自己的肯定，直到写满一整页。

展示出来。把自我肯定写在便利贴上，贴在能看到的地方，比如浴室的镜子上、汽车的仪表盘旁、冰箱门上、咖啡杯上、内衣抽屉里、牙刷架上。

讲给自己听。用强烈而清晰的声音说出你的自我肯定并录音，当你开车或安静地坐着时，聆听这些录音。

看着自己说。这个做法和"讲给自己听"类似，但是需要你自信地、充满爱意地对镜子里的自己说出这些肯定。

如果能每天坚持做这些练习，积极的自我肯定将会有效地取代消极的自我评价，改善情绪、增加自尊、增强自我意识，并让你意识到自己的思想有多强大。

仪式

将早晚仪式的概念引入日常生活，便是用健康的习惯来规划自己的一天。每日的例行程序是让情绪状态转变为稳定、清晰、平静和满意的关键。

早晨仪式

每天早上抽出30分钟，就可以养成一个振奋情绪、转移注意力、提升能量的习惯。你会发现早晨仪式会为一天的状态定下基调，也会让你感觉更快乐、更平静、更有成效，打造一个更加完美的你。

早晨仪式的简单五步

晨间拉伸。睡觉时会不自觉地翻身扭动，导致清晨醒来感觉身体僵硬，做一些拉伸运动可以让身体恢复状态。关于日常拉伸训练的练习请参阅本书第23页。

冥想。晨间冥想能让你达到一种平和清醒的状态，为迎接新一天做好准备。关于学会冥想的练习请参阅本书第145页。

晨饮。睡觉时会脱水，你的身体、器官和大脑需要补充水分才能达到最高水平。如需美味有效的晨饮，请参阅本书第41页（甜辣西芹汁）。

清晨写作。看一看你今天的目标有助于转换心态，理清思路，变得感恩。积极的态度会让你的一天事半功倍。有关清晨写作的内容请参阅本书第78页。

清晨护肤。花时间护理皮肤对整体健康和外在形象都有好处。有关护肤程序请参阅本书第52页。

晚间仪式

晚上留出20～30分钟的时间让自己放慢脚步，安抚自我，心存感激。晚间仪式让你有时间回顾一天中所发生的事，并表达感激之情。正如我们所知，这有助于减少抑郁，让你有一个更舒适的睡眠。

晚间仪式的舒缓五步

睡前拉伸。进行缓慢的拉伸运动会向身体发出一个信号：是时候该休息了。有关拉伸运动的练习请参阅本书第23页。

喝一杯舒缓的饮料。温暖滋补的饮料可以让消化系统和身体都感觉更加舒适，想要一款舒缓的晚间饮品请参阅本书第41页（黄金牛奶）。

做好睡前护肤。睡觉时保持脸部清洁和皮肤保养有助于对抗粉刺和延缓衰老。简单的护肤程序请参阅本书第52页。

写感恩日记。提醒自己留意生活中那些美好的事物，会让你睡得更深、更平静。关于感恩日记的内容请参阅本书第81页。

冥想。睡前冥想练习会向大脑发出信号，让人放松、准备休息，释放一天的痛苦情绪或焦虑。有关冥想的练习请参阅本书第145页。

界限

界限是你在生活中为自己设置的安全线，你愿意接受和不愿意接受的底线。界限可以是身体上的、心理上的、情感上的和精神上的。

设定健康的界限是掌控、拥有自己的生活和保持快乐的必要条件。如果他人侵犯你的价值观体系，你可能会感到沮丧、焦虑和情绪低落。

设置界限

为了有效地设定界限，首先必须确定自己的需求和期望，然后学会如何执行你设置的界限。

如果想为自己营造舒适快乐的生活，健康的界限是很重要的。它会使你免于他人的伤害。如果你真的爱自己，这些界限就更容易落实和执行。因为当某人对你表现出不友好时，界限就会变得很明显。

要想设定界限，必须相信下面这句话："我值得被尊重。"只有承认自己值得被尊重，界限才会变得清晰。下面的练习有助于巩固界限。

设置界限

你需要

两张白纸

喜欢的笔

第一步：拿出一张纸，把它纵向对折再展开。

第二步：在左侧栏顶部写上"安全"。

第三步：在右侧栏顶部写上"不安全"。

第四步：在左侧栏里列出生活中让你感到安全的事情。可以包括：

• 最喜欢的、让你在情感上有安全感的人

• 一部能打动你的好电影

• 能与你产生共鸣的歌曲或音乐

• 你喜欢穿的衣服类型

• 让你在经济上有安全感的存款

• 让你感到安全的家或庇护所

• 让你可以做自己的自由时间

可将这些内容添加到左侧栏中。这张清单是你独有的，没有对错之分。

第五步：在右侧栏里列出生活中所有让你感到不安全的事情。从情感上讲，这一面写起来可能有些困难。可以包括：

• 创伤

• 让你感到不被尊重的事情

• 你不喜欢的事物

• 与自己相悖的价值观，包括任何威胁到你的自我意识的事情

第六步：当你评估两侧清单时，适合自己生活的界限就会变得清晰起来。

举个例子

在安全方面写道，家让你感到安全。在不安全方面写道，当有人突然造访你家时会感到不安。你的界限之一就是："我需要人们在造访我的私人空间前提前通知我。"而且还要明确你需要提前多久被通知。

再举个例子

在安全方面写道，被爱你的朋友包围会让你感到安全。在不安全方面写道，当你不确定别人对你的感觉时会感到不安。你的界限之一就是："我只和那些能让我感受到他们的善意

的人在一起，他们的爱让我感到自信和安全。"

第七步：现在拿出第二张纸，命名为"我的界限"，把所有已确定的界限写在这张纸上。

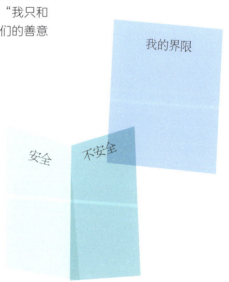

说 "不"

既然已经确定了界限，就该由你来确保它们不被侵犯。但是，如果在清楚地向别人表达了自己的界限之后又被侵犯了，就必须通过加强界限来保护自己。为了加强界限，你必须相信以下的话。

"我要求被尊重。"这可能很困难，因为许多人已经习惯了取悦他人。如果你爱自己并尊重自己，那么首先应该取悦的人就是你自己。如果你对现状不满意，很可能你的某个界限被侵犯了。这种被侵犯或不被尊重的感觉可能是在提醒你，需要设定一个新界限，或者已设定的界限之一受到了侵犯。记住，当你感觉受到威胁时，你的界限正在经受考验。

一旦意识到你的界限被践踏，下面的做法可以帮助你强化界限。

学会如何说 "不"。这个字具有很强的力量——也许正是这种力量让很多人害怕使用它，因为他们会担心、在意别人会如何看待他们。真正尊重你的人会理解，当你礼貌地对某事说 "不" 来加强界限时，是出于自尊自爱。如果别人不这样想，这意味着是以下两种情况之一。

- 他们没有学习过关于培养自尊自爱的个人发展的知识，造成在本质上他们无法认识和尊重他人的界限

- 他们不尊重你、你的界限、你的时间及你的价值观

你必须坚持说 "不"。如果在清楚地表达了界限之后，还有人不尊重你，必须远离这种不利的情况，转身离开。先声明拒绝接受这种行为，如果不能改变，你就要离开或结束这段关系。可能在当下这么做对你来说很难，但从长远来看，这么做是有益于你的，使你的生活继续沿着你渴望的轨迹前进。

心态

心态决定了我们对生活的感受。你的想法塑造了你的大部分现实——你有能力通过持续地调整心态和增强个人意识来控制你的想法，你对情绪和情感的控制能力比你想象的要强大得多。以下自我疗愈中的心态调整练习可以为你带来更多的快乐。

情绪体检

要想转变心态，首先必须意识到此刻的心态。人们很容易因为每天忙碌的工作，而没有体察自己的情绪状态，确定内心的真实感受。当你越来越能够意识到自己的情绪状态时，一切就会变得更容易，也能引导你走向更快乐、更真实的生活。

如何进行情绪体检

你需要

计时器或手机的闹钟

笔记本

喜欢的笔

第一步：每天给手机设置闹钟，从醒来到入睡每两个小时响一次，这样坚持一周。

第二步：每次闹铃响起时，停下来反思一下。此刻你感觉如何？你正在经历什么情绪？你是否有以下这些感觉：

- 脾气暴躁吗

- 焦虑吗

- 幸福吗

- 兴奋吗

- 悲伤吗

- 快乐吗

可以列出不止一种情绪，因为同时拥有并体验多种情绪是人的天性。

第三步：在检查完情绪之后，在笔记本上记下时间和当时的感受。

第四步：每天在笔记本上用新一页记录下当天的情绪感受。

第五步：在一周即将结束时，回顾一下自己的情绪。可能会发现一个规律，也许你的情绪会在一天中的特定时间发生变化，或者情绪很混乱且不可预测。这都将帮助你更好地了解自己的情绪变化和波动情况，从而呈现出一个情绪基线，你的一系列情绪都以此为基础。

提升幸福感：镜子练习

如果坚持每天做这个2分钟的练习，坚持一个月，就会发现幸福感倍增。每天2分钟，持续30天，相当于一个月60分钟，但它可以让人的整体快乐大有不同。

根据科学研究表明，下面这个简单的练习可以从心理上激发大脑分泌内啡肽，大量的内啡肽可以引发快乐情绪，这样你就会比2分钟前明显更开心。到月底，快乐将成为你的一种习惯，因为只需要28天就可以养成一个习惯。

你需要

1面镜子

第一步：起床后，径直走向镜子，设置一个2分钟的计时器。

第二步：和镜子里的自己进行一次眼神交流。对自己开怀一笑——不是一个小小的微笑，而是一个大大的笑容。现在保持这个笑容2分钟，别担心，一开始觉得可笑是正常的。

第三步：时间一分一秒地过去，你会觉得自己不再那么可笑，并会发现自己变得开心起来。

第四步：2分钟后，记录下你总体提升的幸福感。

提示！

需要提升幸福感时，可以尝试做这个练习。

"你"的时间

宅度假

认为一切理所当然是人类的天性，但要想保持快乐的状态，我们需要对周围的环境保持清醒和感激。

最容易让你视为理所当然的就是你的家、你所在的城市。因为它是你日常生活中的背景，习以为常会让一切的美丽变成平凡。

为了重新调整心态，开启宅度假模式吧！宅度假是以在常住地或周边的短途旅游为主的度假模式，重新以游客的视角来审视你生活的地方，会像变魔法一样重新唤醒你对习以为常的身边景物的欣赏。

精神旅行的秘诀

第一步：在你居住的城市选择一个宾馆、旅社或民宿。如果你所在的城市不适合旅行，那就选择一个30分钟左右车程能到达的邻近城市或城镇，为自己预订一晚的住宿。

第二步：准备一个旅行包，装好以下物品：套装、睡衣、休闲服，任何让你觉得美丽的所需物品，宅度假也要尽量打扮得体。

第三步：到达时，假装对这个城市一无所知。向酒店的工作人员询问该去哪里，该做什么，像游客一样听取他们的建议。然后前往观光、吃饭、去海滩散步、去美术馆或博物馆参观。在可爱的咖啡馆里买一杯咖啡或在酒店的床上点一份早餐。最重要的是，把所有东西都拍下来！

第四步：留心你是如何用新的视角看待周围环境的。有什么是以前没有注意到的吗？有什么想告诉朋友的吗？对自己有什么新的认识吗？无论何时，当需要重新调整身心时，就再计划一场宅度假吧。

内省和联系的平衡

如何平衡分配时间可能是一件很难确定的事情，但是理解内省和联系的概念有助于保持平衡。

苏格拉底说："未经审视的生活是不值得过的。"他的话揭示了内省的重要性，如果不审视自己的生活、动机、目的、动力和激情，那么你真的在过自己的生活吗？你在做有价值的事情吗？

内省意味着花时间审视自己。我们生活在一个快节奏的社会里，如果不花点时间慢下来感受独处的时光，就不会意识到自己正在过的是什么样的生活。通过内省可以阻止自己被动地生活，而成为生活游戏中更积极的参与者。

我们应该每天多次与自己进行对话，自我审视后记录下你的一些想法，这样自我对话就会变得有形了。

内省之外，还需平衡好独处和联系的关系。联系是与自己之外的人建立沟通，并跟进了解周围发生的事情。

有没有平衡好内省和联系，自己是能切身感受到的。例如，如果过于内省，而与人交往不够，会有类似于抑郁的感受。如果联系太多而缺乏内省，会感到焦虑，或觉得身处在一种不真实或没有目标的生活中。只有当两者平衡时，才会觉得过着幸福而真实的生活——一种本质上有意义的生活。

可以通过早晨仪式中的清晨写作练习安排一些白天的社交活动，来实现内省和联系的平衡。如果在社交活动中能帮助他人，那就更好了。

庆祝取得的成就

在这个快节奏、以成就为基础的社会，很容易陷入这样的循环：设定目标，实现目标，然后立即设定另一个目标。有动力固然很好，但如果不有意识地肯定和庆祝所取得的成就，可能你很快就会精疲力竭或不知所措，或许你已经感觉到了。

以上"目标—实现—目标"的循环缺少了庆祝的环节，而正在学习自我疗愈的你，你的新循环应该是这样的：

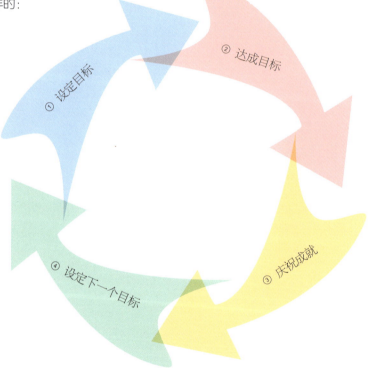

这个循环让你在生活中不断前进、成长和进步。它也能让你享受劳动的果实，活在当下，为自己取得的成就感到自豪，并在解决下一个目标之前给自己充电。

庆祝的方式完全取决于自己，因为不同的人有不同的感受。这里有一些关于庆祝的建议，你可以尝试一下：

做任何你想做的事情，重要的是要意识到你在庆祝自己的成功与收获，现在可以转向下一个目标了！

- 出去吃一顿丰盛的晚餐
- 给自己倒一杯香槟
- 鼓掌、欢呼、跳舞
- 做指甲
- 去旅行
- 和朋友一起出去喝酒
- 去露营
- 花一天时间放松一下
- 和家人一起喝杯咖啡

精神的自我疗愈

"知人者智，自知者明。"

——老子

冥想

人类冥想已经有几千年的历史了，但对很多人来说，冥想仍然是难以捉摸和不易理解的。或者你是一个不懂如何冥想的人，或者你觉得冥想令人生畏或害怕，但令人感到安慰的是并非只是你有如此感受。

许多人放弃冥想，或者起初就拒绝开始，是因为他们以为冥想的关键是"什么都不要想"，但事实并非如此——实际上这也是不可能的。

冥想并非让头脑保持完全清醒或空虚。从本质上说，冥想是人在平静状态下意识到自己的思想是如何产生的，以及它是如何运作的。

大脑每时每刻都在操纵着你，以至于你常常没有意识到内心的真正想法。冥想是一种重要的自我疗愈行为，因为它能够帮助你与自己进行思想交流，了解自己的动力和动机。只有在安静的内省中，才能听到自己内心的故事和声音。

冥想练习将帮助你了解自己的动机、计划以及保持专注、稳定和头脑清醒。

5分钟学会冥想

这个练习有助于分解冥想，使之更易于理解和实现。

第一步：找一个能保持舒适坐姿的地方：地板上、垫子上、草地上或椅子上。

第二步：闭上眼睛，安静地坐着。

第三步：用鼻子吸气，用嘴巴呼气。关注呼吸，这意味着有意识地关注气息进入和离开身体的过程。

第四步：关注呼吸的同时，你会发现一切变得更加平静了。

第五步：如果在平静时有一个想法进入脑海，认可这个想法并记下它，然后放下它。

第六步：重新将注意力集中在呼吸上，用鼻子和嘴巴一吸一呼。每次有想法出现时就这样做，然后回到你的呼吸，关注自己。

第七步：持续这个练习5分钟。如果能坚持每天早上做这个练习，也可以适当延长冥想的时间。

145

显化

显化是用你的能量、信念、意志和明确的形象化将
某些期待的东西带入现实生活。在现实中，显化的
步骤可以是这样的：

我想要一份
新工作

我很清楚自己想要
什么样的工作

我能清楚地看到
这项工作的细节

在生活中，我要把思想和
精力投入到取得
这份工作中

我相信一定能
得到这份工作

我的一个朋友刚告诉我她工
作的地方有个职位空缺，
而且听起来很适合我

我提交了简历，得到了
面试机会，我相信这份
工作将属于我

我得到了这份工作

或者像这样：

我在寻找爱情

我写下了我希望伴侣具备的特质

我一直努力让自己成为一个好伴侣

我坚信当时机对彼此来说都刚好时，我们会遇到彼此

今早我走进一家咖啡店，一位男士为我买了杯咖啡，并说他被我吸引了

我给了他电话号码，并且我们已经在电话上聊了一星期

他邀请我共进晚餐，看来他具备我清单上的很多品质

我们每个周末都约会

我们几乎每天都见面

他说他爱我！而且我也爱他

本质上，显化是一种由正能量驱动的特定愿景—— 一种能将梦想变成现实的强大合力。

练习显化

确定一些真正想要并有能力实现的事物，并专注于此。专注于内心深处想要的，能与直觉产生共鸣，甚至在某种程度上能以某种方式为更高的利益服务。

要想实现显化，需要摆脱自我障碍，消极心态会阻碍显化。要调整好心态，这样才会积极、自信和充满信念。确保让那些批评你、怀疑你、轻视你和给你带来负面影响的人远离你的生活，或者至少与之建立界限来降低你们之间的互动，减少他们对你的影响。还需要预估实现目标的时间，如果想要明天就写出一部轰动一时的电影剧本，这显然是无法实现的，你需要足够的时间来完成它，显化是要以客观现实为基础的。

形象化要非常具体。当思考想要显化的内容时，要具体，甚至是最微小的细节。闭上眼睛，安静地坐着。如果需要清空大脑，可以进行冥想。运用所有的感官，想象真正想要的东西发生时的生动细节，让它在脑海中尽可能真实。记住，不需要知道它将如何实现——只需要相信它一定会实现。这是一个加分项：在完成想象之后，写下每一个微小的细节。然后把这张纸放在每天都能看到的地方，为这件事的显化提供持续的正能量和信念。

除非发自内心地觉得应该做某事，否则不要采取行动。上述3个步骤是显化需要采取的常规步骤。尽管如此，如果直觉积极地告诉你去做某事（而不是被焦虑、怀疑驱使），那么就去积极地响应吧。

一旦显化实现，记录下你的感恩之情和你所得到的。当未来要继续实现其他显化时，这份记录见证了你曾被给予的美好，感恩是如此重要。如果你一直在写感恩日志的话（本书第81页），这是非常好的素材，写下你对实现显化的感激之情。也可以大声地说"谢谢"，或者有意识地庆祝你所得到的事物。

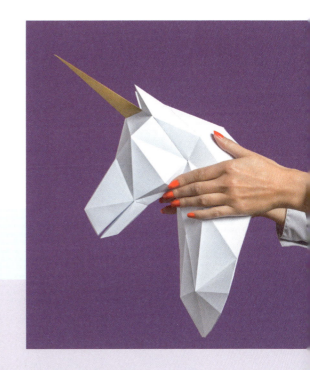

5

社交的自我疗愈

"很少有人会在适当的时机出现，
帮助你渡过难关，
陪你度过最好的时光……
他们是守护者。"

——娜乌西卡·特薇拉

人

虽然这本书的大部分内容集中在与自我疗愈相关而需独自完成的事情上，但与其他人和周围世界的联系也是这个过程中必不可少的一部分。当你成长为一个更成熟、更专注、更清醒、更快乐、更自爱的自己时，与他人分享你性格中的积极一面是很有必要的。

涟漪效应是指把一块小石子扔进池塘，周围就会泛起无数涟漪。你就好比一块小石子，把自己投入到这个世界，把自我疗愈之杯装满，看看你的能量对周围的人和环境会产生什么样的影响。

友谊的评估

友谊的力量是强大的。好的友谊能够塑造你，给予爱和归属感，为生活增添乐趣，为你打造一个坚强的后盾。而糟糕的友谊可能是摧毁性的，让你偏离自己的价值观，并对你的人生轨迹产生负面影响。

想要快速判断你的友谊是否健康，是否能提高你的生活质量，可以试着问问自己以下问题。

和你的朋友一起度过美好的时光以后，你会：

• 感觉生活更有活力、更积极

• 感觉筋疲力尽，对生活感到消极

如果你的答案是第一个，那就继续培养这种健康的友谊。如果你的答案是第二个，那么最好分道扬镳。

随着年龄的增长，可能会发现自己在交友方面变得越来越挑剔。一部分原因是随着年龄的增长，你往往会承担更多的责任，随着空闲时间减少，从而限制了可以交友的人数。另一部分原因是你变成熟了。随着对自己更深入地了解，哪些朋友符合你的价值观和期待，哪些不属于这个范围，你对此更清晰明确了。

比较直观的例子，想想你的衣橱。年轻时的你可能会收集各种各样的衣服，便利的、便宜的，或者是别人送的。但随着年龄的增长，你可能会意识到有些衣服质量很差，不适合自己，跟衣橱里其他衣服也不搭，或者不再符合你的个性或风格。当确定了自己的风格以后，你会倾向购买更少而精的衣服，理性购物，并学会选择适合自己的衣服来填补衣橱中的空缺。

伴随时间的推移和经验的积累，你能够分辨哪些东西值得保留，哪些东西不再适合保留或无法为你服务，这也很像和朋友之间的关系。利用前页的两个问题，每年评估一次你的"朋友衣橱"，就像对待你的衣服一样，离开不符合你的生活轨迹的人。

志愿服务

虽然志愿服务看起来是一种完全无私的行为，但它对自我疗愈是有很多好处的。其中包括：

• 可以遇到志趣相投的人，并与以前可能从未遇到过的人建立联系

• 有助于减少压力、焦虑，甚至愤怒

• 可以对抗抑郁，最终为你带来幸福。经证明，帮助别人能让自己感到快乐

• 志愿服务提供了一种使命感和满足感

• 志愿服务真的很有趣

面对去哪里做和如何做志愿者，可以考虑先从自己的兴趣出发。

• 你喜欢阅读吗？可以考虑在放学后给孩子或视力受损的成年人读书

• 你喜欢运动吗？可以与当地机构合作，帮助孩子们成立运动社团，或者成为世界特殊奥林匹克运动会的志愿者

• 你喜欢户外活动吗？可以在社区公园帮忙

• 你喜欢教书吗？可以在当地的妇女庇护所或给辍学的青少年讲课

• 你喜欢动物吗？当地的动物收容所可能正在寻找养护员或寄养家庭

一旦确定了目标，请坚持每月做志愿服务。如果真的喜欢自己选择的服务项目，你可能会自发地投入更多时间并乐在其中。

寻求帮助

尽管倾注了很多时间学习自我疗愈，但是有些事情你是不可能独自完成的。寻求帮助不是懦弱的表现——它是一种力量，使你认识到自己目前的不足，并愿意寻求帮助。

寻求帮助有很多种方式，无论是来自个人的，还是来自专业机构的，包括：

朋友：如果需要沟通或帮助，可以向值得信赖的朋友求助。如果不明确说出来，别人不知道你需要他们，或者不了解你需要什么。不要害怕在困难时提出自己真正的需求。

家庭：如果你有一个幸福美满的家庭，这是寻求支持的有力后盾。家人会给予你无私的爱，而不是评判。如果没有来自家庭的支持，就去寻求专业人士的帮助。

专业帮助：治疗师和咨询师能够不带评判地倾听，帮助你从不同的角度看待问题。他们能让你思路清晰，如果能和一个训练有素、能帮助你的人倾诉，你会感到很轻松。

宗教咨询：如果有特定的宗教信仰，通过你所在的宗教机构寻求帮助也是有益的。这样，你的观念和信仰也会对自我提升起到促进作用。

保持联系

我强烈希望你能够成为自我疗愈大家庭中的一员，并在自我疗愈的旅程中，与大家相互支持和鼓励——我很愿意和你们保持联系！

如果你想与我联系，可以在Instagram上找到我：

@blonderambitions

如果这本书能引起你的共鸣，请将本书在社交媒体上分享给有需要的人，我将不胜荣幸！请使用话题标签：

#自我疗愈完全指南

致 谢

感谢我的父亲和哥哥，
是他们教会我关于智力和身体的自我疗愈。

感谢我的母亲和姐姐，
是她们教会了我如何在情绪上进行自我疗愈。

感谢我的朋友，
是他们教会了我在社交中的自我疗愈。

感谢我的信仰，
教会了我精神上的自我疗愈。

感谢你们，
所有选择尊重自己的人。

最后，感谢我选择了我自己！
学会爱自己，分享我的人生旅程。
让自己更具正能量，
让每一天都生活在光明中。

我们目光坚定地驾驶自我之船穿越风暴，
深深笃信即便没有星星的指引，
也终将战胜暴风雨，
因为我们已铭记它的方位——就在云层后面，
并深信当到达彼岸时，
星星会比以往任何时候都更加明亮。

崛起吧，女人，崛起。